现代植物园规划

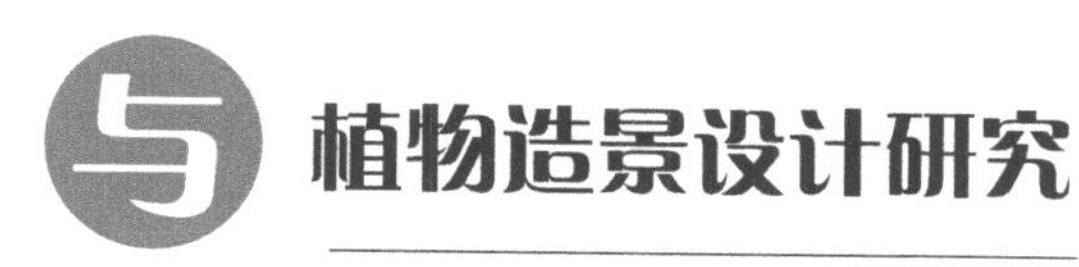

高伟哲　张玉昆／著

吉林科学技术出版社

图书在版编目（CIP）数据

现代植物园规划与植物造景设计研究 / 高伟哲，张玉昆著. -- 长春：吉林科学技术出版社，2018.7（2024.10重印）
ISBN 978-7-5578-4902-3

Ⅰ. ①现… Ⅱ. ①高… ②张… Ⅲ. ①植物园—景观规划—研究②植物园—景观设计—研究 Ⅳ. ①TU242.6

中国版本图书馆 CIP 数据核字 (2018) 第 153108 号

现代植物园规划与植物造景设计研究

著 高伟哲 张玉昆
出版人 李 梁
责任编辑 孙 默
装帧设计 陈 磊
开 本 787mm×1092mm 1/16
字 数 265千字
印 张 16.75
印 数 1-3000册
版 次 2019年5月第1版
印 次 2024年10月第4次印刷

出 版 吉林出版集团
吉林科学技术出版社
发 行 吉林科学技术出版社
地 址 长春市人民大街4646号
邮 编 130021
发行部电话/传真 0431-85635177 85651759 85651628
85677817 85600611 85670016
储运部电话 0431-84612872
编辑部电话 0431-85635186
网 址 www.jlstp.net
印 刷 三河市天润建兴印务有限公司

书 号 ISBN 978-7-5578-4902-3
定 价 98.00元

前　言

在人类社会文明的进程中，人类对其所生存的环境不断进行研究与探索，人类与自然之间的关系也发生着微妙的变化。在地球形成的前4亿年过程中，植物灭绝的速度是27年一种。然而，在21世纪的今天，几乎每天都有一种植物从地球上灭绝。这种危机使得在当今社会，人如何与自然和谐共处成为全球关注的焦点，特别是关于如何在保护赖以生存的生态环境的同时实现人类社会持续发展的议题。植物园作为生态建设中的“诺亚方舟”，以维持地球生物多样性为目标正在不懈努力着。面对资源枯竭、环境污染、物种灭绝等严重的生态问题，物种保护、环境修复等具体议题的出现，都为建设发展现代植物园带来巨大机遇与挑战。

同时，伴随着人类文明的进程，植物园也经历着从出现到不断发展的过程，其在社会所扮演的角色也逐渐有所变化。500多年的演变，让植物园从量到质发生了许多变化，从最早的物种猎奇收集，到今天成为一个城市乃至区域的物种保护与区域生态文明的象征。

在我国，对园林的实践已有几千年的历史，涌现出众多杰出的园林艺术作品。园林创作的理论虽起步较晚，但在构成构景规律和园林审美意境追求等方面都取得了突出的成绩。使中国园林成为世界园林艺术宝库的典范。园林造景中，植物景观占园林空间相当大的比例，无论在生态效益，创造优美环境，还是在景观空间意境审美中都起着非常重要的作用。理论上对植物景观设计的研究集中体现在植物配植的形式美规律或植物所具有的人格化特征的心理审美上，以及园林植物独立构成园林景观的空间结构方面上。探索人类生存环境与绿色植物景观规划设计有着未来导向与现实应用的重要意义。

作为拥有世界上最丰富植物资源的国家之一，我国对保护植物物种多样性、植物品种展示、开展科学研究、普及科学知识等工作十分重视。在过去的100多年中，特别是进入21世纪后，中国的植物园建设取得了量的积累和质的飞跃。然而，与外国（特别是发达国家）的植物园建设相比，我国仍处于稳步发展的阶段。因此，本书的研究意义是通过研究植物园的发展历程和规划策略，为更系统化的植物园发展研究贡献基础性的理论资料，也为更加科学地开展植物园规划和发展提供实践性的指导意义。同时，通过总结中外植物园发展史、规划设计与发展趋势，提高和普及社会生态环保意识，从而为区域性的生态文明建设贡献一份学术力量。

目　录

第一章

现代植物园规划概述

建设一个植物园是百年大计，为城市居民服务首先要服从城市规划的安排，一个先进的城市规划方案应当考虑到该城市植物园与动物园的位置，如果尚未定局，第一件事应是选址。

第一节　选　址

选址指选好植物园与城市相关的位置及有适宜的自然条件的地点。前者与植物园的类型、性质、服务对象有密切关系，但按规定都必须面向群众开放。在符合我国国情的要求下，为了方便来园的参观者，所选位置一定要在公共交通线上。20世纪50—60年代，北京植物园选在香山、贵阳植物园选在鹿冲关、武汉植物园选在磨山等地，交通十分不便。当时的观念是远离城市可以减少干扰，有利专注科研及有组织地开放。但经过几十年的实践证明，这种自造的艰难与开支的浩繁是不明智的。在发达国家，因私人交通工具（汽车）比较符及，植物园选址还是可以远离闹市的。如1957年美国明尼苏达州立大学设立风承树木园，选择距首府明尼阿波力斯（Minneapolis）城西40.2公里（25英里）的地方，但开放以后游人不绝，氛围十分活跃，原因是游人的自备交通工具十分普遍。我国情况则有所不同，现总结几点注意事项，作为选址时参考：

一、侧重于科学研究的植物园

一般从属于科研单位，服务对象是科学工作者。它的位置可以选交通方便的远郊区，一年之中可以缩短开放期，冬季在北方可以停止游览。

二、侧重于科学普及的植物园

多属于市一级的园林单位，主要服务对象是城市居民、中小学生等，它的位置最好选在交通方便的近郊区。如前苏联就主张接近原有名胜或古迹的地方更能吸引游人，所以北京市植物园内有一座唐代古刹卧佛寺，是十分恰当的。

三、如果是研究某些特殊生态要求的植物园

如热带植物园、高山植物园、沙生植物园等，就必须选相应的特殊地点才便于研究，但也要注意一定要交通方便。

四、附属于大专院校的植物园

最好在校园内辟地为园或与校园融为一体，可方便师生教学。但国外有许多大学附设的植物园是在校园以外另觅地点建园，如柏林大学的大莱植物园、哈佛大学的阿诺尔德树木园、明尼苏达大学的风景树木园、牛津大学的牛津植物园等，均远离校园。我国重点大学如中国农业大学、北京林业大学等，至今校内校外均无植物园设立，他们带学生出游各地参观，也是别具一格的教学方式。

世界各国城市均在扩大发展，原来的远郊区，几年工夫就成了近郊区，甚至成了闹区。美国纽约市的中央公园，100年前选址于荒僻的郊区，当时游人稀少，园内设骑马道、步行道，并欢迎乘马车入内游览，但不足100年后，四周建筑及街区林立，大量汽车需要横穿公园，所以不得不在园内开辟4条地下通道，以利交通。这种先例特别提醒我们，植物园选址一要有预见性，二要服从城市的总体规划，否则受到人口增加和建设速度的压力，可能十分被动。

第二节　自然条件的选择

选择可供植物生长的自然条件，包括以下几个方面。

一、土壤

植物园内的植物绝大部分是引种的外来植物，所以要求的土壤条件比较高，如土层深厚、土质疏松肥沃、排水良好、中性、无病虫害等，这是对一般植物而言。至于一些特殊的如砂生、旱生、盐生、沼泽生的植物，则需

要特殊的土壤。选址的因素很多，土壤列为第一项是因为植物直接生长在土中，植物生长不良就谈不上建什么植物园。

国内外植物园对土壤选择不够重视的教训很多。英国邱园是最大最古老的皇家植物园，但是位置在伦敦泰晤士河畔，土壤砂质，地下水位高，决定在园后挖了一个大池，将池土用来填高地面才有今天的结果；上海植物园选定龙华这块水田以后，在地面上填了60万立方米的土壤，才解决了地下水位高的问题；北京植物园1956年选定香山东麓一片冲积多年的河滩地，有些地方卵石厚达3米，对植物的生长十分不利。希望这些实例在今后建园选址时能引为教训。

二、地形

植物最适于种在平地上这是人所共识的，背风向阳的地形在北方十分重要。不过因植物的来源不同要求也不同，即使仿自然景观的人工建造也不能都在平如球场的地面上进行，所以稍有起伏的地形也是许可的，原有一些缓坡也不必加工平整，适当保留更显自然。我国南方丘陵地带多，山石突兀，都不是理想的园址。通常要选开阔一些、平坦一些、土层厚的河谷或冲积平原才好。为了老幼病残游人的方便，园内以平为主也是步行游览的基本要求。举世闻名的老植物园如英国邱园、美国阿诺尔德园等都是大部分平坦或少有起伏的园址，颇受世人称赞。极少数植物园设有专区，展出各国园林形式，如加拿大蒙特利尔植物园内的中国园、美国明尼苏达风景树木园的日本园等，在那里即有挖湖、堆山等经人工改造的地形。一般情况，只在有利于植物生长的情况下才进行地形改造，单纯为了景观美不宜大量投资在地形改造上。

三、地貌

地貌是指自然地形上面附加的植物及其他固定性物体，也就是地表的外貌。本来地貌与地形的含义很相近，这里特别提出来，是强调一下园址内原有的地被植物原来属于树木密集的地方说明当地的自然条件适合于某些树木的生长。一个自然植物群落的形成，不仅是时间、空间的积累，还有群落结构与群落生态及乔、灌、草及上中下层的植物能量转化等的复杂关系，一旦破坏是难以恢复的。建造美国阿诺尔德树木园之初，Jamaica plain 这块土地上全是树林，不得不“砍树种树”，但有一条规定就是“不种树的地方保留原有的植被”，这是十分重要的措施，不仅景观上能维持郁郁葱葱的园貌，而且对自然环境有很大的保护与调节作用。该园至今 100 年来搜集的树种已达 7000 种，而原有的森林仍有几块保存良好。

我国西双版纳热带植物园建园的过程中，砍去原有的树木建造新的园貌，但昔日热带雨林的景观再也难以恢复。在回归线（北纬 23.5° ）以南的热带荒漠一旦形成是难以复原的。

四、水源

水源是指灌溉用的水资源是否能满足植物园的需要。植物园中的苗圃、温室、实验地、锅炉房、食堂、办公与生活区等经常消耗大量的水，活植物中的水生植物、沼泽植物、湿生植物等均需经常生活在水中或低湿地带，靠水来维持，所以植物园需要有充足的水源。

建园规划时要调查：(一) 水源的种类，是地下水、河川水、湖塘水，还是水库或城市自来水。(二) 供水源是否充足，全年变化如何，有无枯水季节。(三) 水质要经过化验，如酸碱度等是否合格。(四) 对于降水量的全年分布、储存的可能性或积水情况、夏季有无洪涝威胁等情况，都应该有所了解，供选址时参考。

五、气候

气候是指植物园所在地因纬度与海拔高度而引起的各种气象变化的综合特点。对于植物园来说，它所在地的气候应当相近于迁地植物原产地的气候。因为引种到植物园内的植物，用现代的语言称为“迁地保护”的植物，如果能成活、生长、繁殖，并发现它们的利用价值，还要走出植物园供广大群众去利用，所以被推广的地区应该是与植物园或原产地的气候有相似之处才能成功。

植物对所在环境的气温最具敏感性，迁地保护的植物，如果限于迁地栽培，环境中只有气温是人力最难以保证的条件。经常采用的消极的办法如薰烟、搭风阵等，对局部可以有一定的作用，但大面积种植就比较困难。尤其可能出现的绝对最低温度，如持续时间超过某种植物的耐性，迁地保护就会遭到失败，所以说植物的耐寒性是一件复杂的生理问题。植物园可以创造条件既引种又驯化、既锻炼又提高，但是植物园本身所在地的气温要有一定的代表性，才能向外推广。例如，美国阿诺尔德树木园位于波士顿城郊，处在北纬42° 19′ 的位置，他们引种成功的大量树木均可以向波士顿以南的全美地区推广，其中关键在于冬天可耐过低温，而且，不会比波士顿更冷，但是北部的明尼苏达州（北纬44° ~48° ）就无法引种波士顿的植物。

其次是湿度问题，北方春季干旱，植物在缺水与低温的双重威胁下，比湿润下的低温更容易死亡。所以每月降水量与空气相对湿度也应该有所保证，这对迁地保护或引种后的推广很重要。

对以上5项自然条件进行调查时，资料固然重要，但现场勘察也很必要。例如土壤的纵剖面如何，非要现场挖开才能了解。

六、其他因素

植物园选址除注意上述5项条件外，还有所占土地上自然村的迁移问题、原居民的就业安排问题、地区内历史古迹及坟墓的处理及水电交通问题等。

第三节　植物园的规划

这里是指植物园在选址以后进行的总体规划。在决定植物园建设的规模时，面积大小是重要的因素，所以在进行规划之前对植物园的面积问题要进行一番论证，以免盲目求大。

一、植物园的面积

国外植物园的面积有大有小。如澳大利亚昆士兰地区有一个图乌巴（Toowoomba）植物园占地11396公顷（合17万多亩），算是已知的最大植物园。

那里是南回归线以南，人口稀少，物产丰富，只有行道树的展出，大部分为天然草原，供放牧之用。这种未充分利用的大面积植物园不足为范。至于小植物园，如美国明尼苏达州立大学内有一个只有0.4亩的温室，专种药用植物，外面挂药物学院药用植物园的牌子，登在世界植物园名录上。按址去参观，发现未免小得令人失望。当然这个极端的实例也不可取。究竟面积多大为好？且看世界上几个闻名的植物园的面积情况：

表1–1 世界上几个闻名的植物园的面积

国家	名字	面积（公顷）
英国	皇家植物园邱园	121.5
美国	阿诺尔德树木园	106.7
德国	大莱植物园	42
加拿大	蒙特利尔植物园	72.8
俄罗斯	莫斯科总植物园	136.5
中国	中科院北京植物园	58.5
	庐山植物园（已建成部分）	93.4
	上海植物园	66.7

以上各园面积系指开放游览及已建成的部分，可能小于规划的远景面积。从中可大概知道那些内容丰富、目不暇接、远近驰名的植物园的面积也不过如此。莫斯科总植物园号称50多公顷，但其中保存下来的一大片天然林游人无法入内参观，全园也只有一少半面积（约136.5公顷）能供游人游览。如果上述植物园之中的各展览区与温室参观者用一整天的时间周游一遍都难以尽兴而返，也难以周全地看完，说明规划不尽合理。一般来讲，面积达65～130公顷的植物园已经使游人筋疲力尽，再大，一天更参观不完了。所以我们的规划也要从游人的体力着想。当然，开放区之外的实验、研究、办公、居住、后勤等，可以不包括在内。

植物园的内容可以在规划时决定，项目可多可少，有一定的伸缩性。有时搜集的树种逐渐增多而栽种空间不足时，数量上（株数）可以适当减少，最低的规定每种3～5株，因遇到雌雄异株的植物则不可再少，上限可到7～10株，甚至成片成林没有严格的规定。有的植物园利用温室或气候室（Climatron）布置一小块仿热带雨林、干旱沙漠、严寒极地等不同的植物景观，这已经不是空想，就现代的科学技术水平是可以实现的。所以说，人们在植物园里用短短几小时可以周游世界并非虚传。

对于面积不大的植物园露地栽培的乔灌木也可以取少而精的办法，只要有一定的代表性，游人就可以触类旁通。按植物地理分布来布置植物园，将五大洲有特色的植物都种活，不仅数量太多而且人造的自然环境满足不了多种生态要求，必定十分困难。像德国柏林的大莱植物园布置地理植物区时，亚洲的裸子植物也只能按每科种植1～3株而已，“二战”以后，据说按地理分区已经不再布置了。英国邱园以树木园的搜集丰富而著称于世，他们以属为单元，每属的种数不一，树木的冠幅与年龄也参差不齐，但基本的对策是放大株距，使每株乔木都在足够的空间内充分生长。所以，在如茵的草坪上可以看到株株丰茂、挺秀扶疏、尽显风采的各种树木。

二、植物园的分区规划

分区的目的是以不同的地区表示出不同的植物内容。一个植物园可以承担的内容究竟有多少，都是一些什么内容，规划之前都要选择好。下面列出世界各植物园已经尝试过的区划内容，规划时不一定要求包罗万象，按需要与可能来考虑。

这是世界各地绝大部分植物园都有的一区。如果专搜集木本植物的植物园即称为“树木园”（Arboretum），里面也是按一定的分类系统排列。由于老一辈的分类学家创立了许许多多系统分类的模式（总数约200种以上），各国为尊重自己的学者而喜欢采用本国人创立的系统学说，如英国邱园即用英国分类学家哈钦松（John Hutchinson，1884～1972）的分类系统排列，德国大莱（Dahlem）植物园即用德国人恩格勒（Heinrich G. A. Engler，1844～1930年）1892年创立的分类系统。北京和上海植物园成立较晚，即采用纽约植物园克朗奎斯特（Arthur John Cronguist）的分类系统。总之各有千秋，这里不加评论。

第二章

现代植物园规划理论与实践的研究

第一节　现代城市植物园景观构成元素的研究

园林是以山水植物等自然元素与建筑道路等人为元素相结合，而创造出的具有自然美的人类生活环境空间。追根寻源，园林在先，景观在后。园林的形态演变可以用简单的几个字来概括：圃—囿—园—林。到了现代，又有了新的发展，有了规模更大的环境，包括区域的、城市的、古代的和现代的，凡此种种，加在一起，就形成我们今天所关注的景观。元素的基本构成分为两类，一类是自然元素，如树木、水体等；另一类则是人为元素，如铺地、墙体、栏杆等。

由此可见，植物园的主要景点和各个专类园都按因借之法选择合宜之地，使之各得其所，并特别注重对现有植被的保留、改造和利用。虽然植物园的景观构成元素与公园有相同的地方，但因其功能的不同还具有特殊的构成元素，而且各个元素在植物园中构成的比例和所起的作用也是不同的，这也是植物园不同与其他公园之处。

一、自然元素

自然元素对于植物的生长和群落结构等都起着决定性的作用，是植物园选址时首要考虑的因素。

（一）土壤

土壤是指土地表面具有一定肥力且能生长植被的疏松层。它是植物生长的基本因素。土壤中的每种成分都有其独特的作用，它们彼此之间又有密切的关系。土壤肥力的高低取决于土壤中水、肥、气、热四个因素之间的协调程度。设计者在准备种植植物前，了解土壤的物理和化学性质是很必要的。

植物园内的植物绝大部分是引种的外来植物，所以要求的土壤条件比较高，如土层深厚、土质疏松肥沃、排水良好、中性、无病虫害等，这是对一般的植物而言。对于那些特殊的如砂生、旱生、盐生、沼泽生的植物，则需要特殊的土壤。因此，土壤条件在植物园的建设中应得到足够的重视。

（二）气候

气候是指植物园所在地因纬度与海拔高度而引起的各种气象变化的综合特点。引种到植物园内的植物，要使其成活、生长、繁殖，且发现它们的利用价值为植物园服务，则植物园所在地的气候应当相近于迁地保护的植物原产地的气候才行。中国地域广大，气候多样，植物资源丰富，在植物园建设过程中要对气候要素有足够的重视。

在气候因素中，温度对植物的生长影响最大。植物的各种生理活动都有最低、最适、最高温度，称为温度的三基点。低于最低或高于最高温度界限，都会引起植物生理活动的停止。因植物种类和发育阶段不同，对温度的要求差异很大。低温会使植物遭受寒害和冻害。高温对植物的危害能导致植物因蒸腾过度而枯萎死亡。温度对花芽的分化、花色也有一定的影响。

（三）地形与地貌

地形与地貌指的是地表的形态特征，由于内营力和外营力的相互作用，使地球表面产生了高低起伏的种种形态，具体表现为高山、平原、丘陵、盆地等。地形是构成地理环境的重要因素之一。它不仅对土壤形成过程会产生很大的直接影响，并且也会造成局部小气候甚至整个区域的大气候的差异。它也影响地面水分状况、生物的分布和人类的经济活动。大家都知道：冲积平原往往形成肥沃的农田；高山陡坡不易农垦；丘陵深谷，常常会产生严重的土地侵蚀现象；等等。

植物园通常要选开旷一些、平坦一些、土层厚的河谷或冲积平原。为了老幼病残游人的方便，园内以平为主也是步行游览的基本要求。世界闻名的英国邱园、美国阿诺尔德园等都是大部分平坦或少有起伏的园址。一般情况，只在有利于植物生长的情况下才进行地形改造，单纯为了景观美不宜大量投资在地形改造上面。

地形地貌的处理是植物园建设的基本工作之一。利用不同的地形地貌设计出不同功能的场所和景观。创造有利于植物生长和建筑布设的条件。同时还要满足地表的排水、划分和构造空间，形成小气候。

（四）水源

水源是指灌溉用的水资源是否能满足植物园的需要。在植物园的建设规划中，对水源的种类、供水量、水质等情况都应该有所了解。植物园中的苗圃、温室、办公与生活区等经常消耗大量的水，而且水分供应不足和水分过多都会影响植物的生存。不同的植物种类，由于长期生活在不同水分条件的环境中，形成了对水分需求关系上不同的生态习性和适应性。如耐旱植物多原产热带干旱或沙漠地区，这类植物根系较发达，肉质植物体能贮存大量水分，叶硬质刺状，如仙人掌类、黑桦、胡枝子等。而耐湿植物多原产于热带雨林中或山涧溪旁，喜生于空气湿度较大的环境中，如水仙、龟背竹、马蹄莲、海芋、水杉、垂柳、白蜡等。水生植物根或茎一般都具有发达的通气组织，它们适宜在水中生长，如睡莲等。所以植物园需要充足的水源。

（五）植物

我国复杂多样的自然环境孕育着3万多种高等植物，其中有潜在利用价值的达1万种，是我们赖以生存和发展的重要战略资源。植物园是收集、展示大量活植物的场所，显然植物这一自然景观元素是植物园中用量最多、占地面积最大、地位最重要的景观素材。利用植物造景也是营造植物园景观最重要的方面。植物园中的其他景观设施都应服务于植物的研究、收集和展示。园林绿化能达到实用、经济、美观的景观效果，在很大程度上取决于园林植物的选择与配置。

植物造景是应用乔木、灌木、藤本及草本植物来创造景观，充分发挥植物本身形体、线条、色彩等自然美，配植成一幅幅美丽动人的画面，供人们观赏。植物配置在植物园建设中起着关键的作用，它既要发扬我国师法自然的传统特点，又要不断创新，使“回归自然”成为现实。它不同于造园的一般绿化功能，如防护、遮掩、屏挡、分隔等作用。它具有特殊的园林艺术美，表现出诗情画意的意境。汲取中外造园艺术的精华和生态学、美学等相关学科的知识，科学地进行园林植物造景，建设地方特色鲜明、生物多样性丰富的城市园林绿化景观，是促进城市园林绿地系统健康、可持续发展的重要途径。

1. 乔木造景

乔木是植物景观营造的骨干树种，有明显高大主干，枝叶繁茂，数量大，景观效果突出，在植物配置中占有重要的地位。根据乔木的观赏特性，可以把乔木分为观花类、观果类、观叶类、观枝干类等。园林树木的配植千变万化，在不同的地区、不同的场合、不同的地点，由于不同的目的与要求，可以产生多样的组合与种植形式；同时，树木是有生命的有机体，是在不断的生长变化，能产生各种各样的效果。乔木是种植设计中的基础和主体，若树木选择和配置的合理就能形成整个园景的植物景观框架。大乔木遮阴效果好，可以屏蔽建筑物等大面积不良视线，而落叶乔木冬季能透射阳光。中小乔木宜作背景和风障，也可用来划分空间、框景，它尺度适中，适合主景和点缀之用。

2. 灌木造景

园林中的灌木通常具有美丽芳香的花朵、色彩丰富的叶片又或者是诱人的果实等观赏性状的灌木。伟大的艺术是把最繁杂的多样变成最高度的统一。这类树木种类繁多，形态各异，在园林景观营造中占有重要地位。灌木在园林植物群落中属于中间层，起着乔木与地面、建筑物与地面之间的连贯和过渡作用。灌木的变化是植物造景中不能忽略的重要元素。灌木以其自身的观赏特点即可单独木树种的配置，与草坪地被植物的配置，做基础种植，布置花镜等作用。

3. 花卉造景

花卉是色彩的来源，美的象征，是园林绿化美化、香化的重要材料，是丰富人们精神生活，陶冶情操的活的材料。同时花卉能产生经济效益，花卉作为商品本身就具有重要的经济价值，还能带动相关产业的发展，而且许多花卉在具备观赏价值的同时，还有药用、香料、食用等多方面的价值，可产生综合效益。比如国外很多植物园都配有花木种子店，出售的全是名贵的奇花异卉及它们的种子。

4. 草坪与地被植物造景

草坪是园林绿化的重要组成部分，是丰富园林景观的基本要素，是众多种植形式之一。广场需要草坪，公园需要草坪，单位居住区等都需要草坪，可以说只要绿化，没有草坪不行。随着我国园林事业单位的发展，草坪地被植物已被广泛应用于环境美化，尤其是在园林植物的配置中，其较强的抗逆性以及常见禾本科草坪植物所不具有的美丽的叶色、花、果等特点，使园林地被植物在园林绿化中起到越来越重要的作用。为充实园林景观、建设生态园林、实现物种多样性还应该重视使用苔藓和蕨类植物，以展现其特有的魅力，如肾蕨和铁线蕨等。

（六）山石

堆山叠石在我国传统造园艺术中所占的地位是十分重要的，植物园中的对山石的应用范围更加广泛。一方面与其他各类公园绿地相类似，用于建筑铺装、雕塑、装饰、景观小品等，这类山石元素的应用有规则式的也有自然式，艺术手法也是千变万化。另一方面则是植物园所特有的，就是山石元素在岩石园区的应用。岩石园顾名思义就是以岩石及岩生植物为主，结合地形选择适当的沼泽、水生植物，展示高山草甸、牧场、碎石陡坡、峰峦溪流等自然景观。岩石园就是通过山石元素与植物元素的合理搭配，旨在展现独特、优美的高山和岩生植物生境景观。如1988年中科院北京植物园岩石园建成，当时作为岩生植物收集示范区。建园思想以自然岩石地理景观为蓝本，协调各种岩石植物的生态环境，再现自然山体景色和岩生生境景观。有裸岩叠翠、丘陵草甸、岩墙峭壁四景区，一步石小径阡陌其间。由此可见，山石元素在植物园的建设中的重要性。

（七）水体

水体作为构成园林建造的一个基本要素，已成为植物园景观不可缺少的组成部分。一方面，水具有大量自身所独有的，不同于其他元素的特性。它能形成不同的形态。如静态的水池景观、动态的叠水、瀑布和喷泉景观。静态的水给人以宁静、轻松和安详的感觉，而动态的水具有活力，给人欢快和跳动的感觉。另一方面，植物园常以传统造园手法营造自然水景，集中展示水生、湿生、沼生植物的专类园。整个园区由植物、水体、山石地形、建筑小品等组成，构成此区空间的物质基础。同时，大多数水生植物都具有良好的水质生态净化功能，有研究表明香根草对富营养化水体中的氮、磷等具有明显的去除效果，能显著改善富营养化水体的水质。通过各要素的融合，将园林的精神空间中所蕴含的意境表达出来。水体与山石地形结合形成丰富的形态，水生、湿生植物展示了空间的层次感与亭、榭、廊等建筑物结合，使这一整体空间具有独特的气质。

二、人为元素

（一）建筑

建筑元素在现代城市植物园景观构成元素中占有重要的作用，按其在植物园中的功能大致分为展览及科普教育类建筑、科研类建筑、综合服务类建筑三部分。

展览及科普教育类建筑包括观光温室、植物标本馆、植物图书馆等建筑。其中大多数植物园都包含有观光温室，而且总能成为植物园最能吸引游客的地方。如昆明植物园的观光温室就由热带植物室、兰科植物室、多浆植物室等多个面积不等的区域组成，成为昆明植物园的一大特色。

科研类建筑包括科研实验室、资料室、种子标本库等建筑。该类建筑主要是为植物的育种、选种、引种等工作提供条件，如北京植物园的实验楼、种子标本库。

综合服务类建筑包括入口建筑、售票亭、餐厅、商店、游客接待中心等建筑。其中以植物园的入口建筑最为重要。现代城市植物园的入口造型各异，往往体现了植物园的主题思想。

（二）道路

道路在现代城市植物园中起到连接各个功能区，提供游览路线的作用。就道路的种类来说，现代城市植物园一般将道路分为三种，分别为主干道、次干道和步行道。主干道可供双向行车，宽度在5米以上，在植物园中起骨干作用。次干道可供单向行车，宽度在3米以上，主要作用是联系主干道与步行道。步行道供行人游览步行，宽度在1～2米，表面可铺设鹅卵石、草皮等材料。

（三）景观小品

景观小品是现代城市植物园中不可或缺的一部分，它包含游憩设施、服务设施两部分。游憩设施包括供游人休息的椅子、圆桌；供人游乐的秋千、荡椅等；起点缀和装饰作用的花架、花钵、雕塑等。服务类设施主要包括导向牌、景区标识牌、植物标志牌等。这些设施宜采用简洁、朴实及能突出植物主题的造型，与现代城市植物园的自然风景相协调，同时满足科学性和合理性。

第二节　不同历史时期植物园功能的演变

植物园的发展是一部人类了解植物、利用植物和保护植物的历史。不同历史时期，植物园的任务和工作重点不尽相同。它的功能演变按时间排序的话，大致可分为早期植物园、近代植物园和现代植物园三个时期。

一、早期植物园

无论是西方国家还是东方国家，早期的植物园的雏形都是药圃。草药学家和草药志促进了植物园的创立；药圃作为医药教学的场所也促进了植物学的发展。在17世纪以前，植物学研究的内容是认识和描述植物，积累植物学的基本资料和发展栽培植物，并从药用植物开始探索植物分类，如意大利比萨大学植物园和帕多瓦植物园，它们最初的功能就是以收集研究药用植物和辅助医药专业教学为主。可见，17世纪以前的植物园作为收集药用植物的场地，药用植物的研究和利用是早期植物园的主要功能；同时，它也促进了植物学特别是植物分类学的发展。

二、近代植物园

近代植物园是以近代科学为基础的植物园，1859年达尔文发表的《物种起源》推动了植物分类学的发展，而植物分类学的发展又推动了近代植物园的发展。许多植物园的功能分区是按照恩格勒和哈钦松的分类系统进行划分的。大量异地植物从世界各地被引种进植物园，引种栽培的植物远远超过了药用的范围。这时的植物园已经初步具备植物分类研究和引种驯化的功能，在观光游览和科普教育上有待加强，如庐山森林植物园，建于1934年8月，是当时中国重要的科学文化机构之一。至1937年，植物园已从安徽黄山和九华山、陕西太白山及庐山邻近地区引种大量植物，开辟了草本植物分类区、水生植物区、石山植物区、茶园、苗圃等展览区，并设置了植物标本室。植物园还与世界40余个植物园或树木园建立了种子和标本交换关系。由此可见，由于当时科学技术水平较低、社会经济不发达，植物园的功能主要停留在开展植物分类研究和引种、驯化、栽培、整理和发掘植物资源上。由于植物园功能的相对单一，所以在分区上也相对较简单，主要的分区原则还是以便于科学研究为首要原则。

三、现代植物园

20世纪以来，由于工业的迅速发展，环境污染加剧，生态平衡被破坏，人们逐渐认识到，快速的社会经济发展不能以环境的极度恶化为代价。植物园的功能也随之发生了变化。如北京植物园，从1956年建园至今已发展成为一座集科普、科研、游览等功能于一体的综合性植物园。北京植物园由植物展览区、名胜古迹游览区、自然保护区和科研区组成。植物展览区包括观赏植物区、树木园、盆景园、温室花卉区。其中观赏植物区由牡丹园、月季园、碧桃园、丁香苑、海棠园、木兰园、梅园等11个专类园组成；名胜古迹游览区由卧佛寺、樱桃沟、“一二·九”纪念亭、梁启超墓、曹叶村曹雪芹纪念馆组成。园内引种和栽培植物56万余株，5000余种，铺草90万平方米。

从北京植物园的功能分区图中可以看出，现代植物园的功能已经以单一的科研功能向生物多样性保护等多功能发展。开展环境教育，促进生物多样性保护已经成为植物园的中心工作之一。另外，随着现代城市游憩规划的深入和服务对象的转变，植物园丰富的物种使其具备比一般公园、风景区更具优势的园林外貌基础，观赏游憩也成为植物园的重要功能之一。因此现代植物园的主要功能是保护、科研、科普、游憩等。但在具体规划实施时，各个植物园依据不同的建园目的和自身条件，常只满足某一方面或几方面的功能要求，并力求形成自己的特色。

总之，植物园的发展经历了不同的历史阶段，其功能必然有所调整和变化，但本质上始终具有求知、求美、求乐的场所特性，因而它的功能演变也与相关学科的最新动向、大众审美情趣的转变以及游憩行为的深层需求密切相关。

第三节 不同类别植物园的功能及分区

植物园保护国际议程将全世界的植物园划分为以下12个类型：

一、“经典的”多功能植物园的功能及分区

此类植物园在功能方面是集教育、展览、科研、应用为一体的综合性机构。在功能分区方面，它的分区内容全面，涉及的植物种类、建筑景观较丰富，如英国邱园，该园设计了赛恩透景线、中国塔透景线、雪松透景线、布罗德路和冬青路等路线，形成邱园的基本框架和疏林草地式的园林景观，目前邱园已收集了3万余种活植物，成为世界生物多样性保护和研究的重要机构，园内设有26个专类花园和6个温室园，专类园其中包括玫瑰园、草园、竹园、柏园、杜鹃谷等，温室园其中包括棕榈室、温带植物温室、高山植物温室等。园内还有与植物学科密切相关的设施，如标本馆、经济植物博物馆和进行生理、生化、形态研究的实验室。此外邱园还有40座具有历史价值的古建筑物，如中国塔、钟楼等。可以看出，“经典的”多功能植物园这一类植物园无论在功能上还是在分区规划上都要求全面周到，植物园的每一项功能都需要在分区规划上体现出来。

二、观赏植物园的功能及分区

此类植物园它在功能方面主要集中于观光游览，在此基础上融入科普教育等内容。在功能分区方面，它的分区内容更多地集中在专类园、主题园、园路景观等区域。我国很多的城市植物园都属于此类。如上海植物园，园内分植物进化、环境保护、人工生态、绿化示范4个展出区和黄道婆庙游览区，各区下又分若干小区。各小区以专类植物为主景，配以园林建筑小品，形成不同意境的园林景观。由此可见，观赏植物园在规划设计时更多地偏重于通过植物的收集去营造不同风格的自然景观，同时以景观小品点缀和装饰植物园，以增加观赏性，目的在于吸引游客观光游览，在功能上强调其观赏性，在功能分区上更专注于专类园、主题园的设置。

三、历史植物园的功能及分区

此类植物园的前身基本上是药草园，主要功能体现在药用植物保护和研究方面。后期随着时代的发展，涉及的内容也有所增加。在分区规划上侧重于动植物进化等方面的内容，如法国国家自然历史博物馆植物园，它包括进化馆、矿石馆、古生物馆、昆虫馆等区域。该植物园一方面与几座自然历史博物馆及动物园，甚至水族馆结合在一起，另一方面又具有植物园的内容和形式，使植物园成为人们学习自然历史的理想场所。历史植物园这一类型较特殊，现在已并不多见，在功能上也从过去单一的药用植物研究向观光、科普上发展。

四、保护性植物园的功能及分区

此类植物园是近几年才兴起的，在功能定位上主要是生物多样性科学研究、生物多样性科学普及、生物多样性保护等。在分区规划上更多地侧重于各种保护区的设立，如秦岭植物园，该植物园将整个园区划分为植物迁地保护区、动物迁地保护区、历史文化保护区、生物就地保护区、植被恢复区、复合生态功能区。植物迁地保护区，以广泛收集温带区域内和亚热带北缘的植物为目标，包含裸子植物区、被子植物区、秦巴山区特色植物区、植物生态区等专科专类园区。动物迁地保护区和历史文化保护区，重点进行大熊猫、金丝猴等珍稀濒危动物的抢救、繁育，并进行物种回归自然实验。生物就地保护区和植被恢复区，以保护动植物的栖息地和生存环境为目标。复合生态功能区，包括儿童乐园、农家乐、自然农业区等。从上述实例可以看出，保护性植物园在功能上侧重对动植物的保护，在功能分区上，它将植物保护与动物保护放在植物园建设的重点上，同时将儿童乐园、农家乐等融入其中吸引游客。

五、大学植物园的功能及分区

此类植物园最初的功能其实比较简单，就是为了满足学校教学、科研和物种保存的需要而建立的植物园，随着大学校园对外开放，大学植物园也逐渐成为人们学习游览的场所。在分区规划上，它更注重于按植物分类学进行区域划分，如牛津植物园，它由建园初期建成的古老围墙围成的老园、位于老园北部的新园以及温室组成。老园呈规则式布局，植物根据其原产地、科属以及经济价值进行分类种植。新园则比老园更注重园艺的展示性，其中包含了其他类植物园里所具有的专类园，如水生园、岩石园等。温室为在读大学生提供生物学和植物学的学习和研究场所。由此可见，大学植物园的功能也随着时间在不断变化，从过去仅仅供教师教学和学生实习之用，到现在兼具人们游览观光的功能，在功能分区上更加的人性化和多样化，更具有观赏价值。

六、动植物园的功能及分区

此类植物园在功能上主要是通过建立一些特定的植物收集区，使之能展示动物的栖息地，在人们认识植物的同时，介绍动物的栖息地。在分区规划上动物园区和植物园区二者是动植物园发展的重心所在，规划时应科学地权衡二者之间的关系以及致力于构建动物、植物、人三者之间和谐相处、共荣共生的环境。如邯郸动植物园，作为一个具有主题性质的郊野森林公园，在拥有森林景观外貌的同时，整个园区由动物园区、植物园区、森林共享活动区、外围生态防护林带所组成。动物为圈养和半散养相结合的方式，充分发挥动物展示、科普、科研的优势。在造景上采用场景式的展示手法，在展示动物的同时也结合植物造景展示其生活的生境，以获得最好的科普展示效果。

七、经济植物及种质保存植物园的功能及分区

此类植物园一般都附属于农林部分的试验站或研究中心，大多不对外开放。在功能上是迁地保存具有经济价值或在保护、研究、植物育种和农业等方面具有潜在价值的植物。因为该植物园主要是用于科研，面积不大，故在分区规划上较为简单，通常划分为种质资源收集区、引种驯化区等，如湖南省森林植物园杜鹃园，在充分利用植物园原有自然资源基础上，科学合理建设杜鹃属植物种质资源异地保存库，把整个保存库建设分为三个区，即种质资源收集区、引种驯化及选育研究区、种质资源保护与展示区。该园共收

集杜鹃属植物105种，750份种源、2000份居群进行繁育。

八、高山或山地植物园的功能及分区

此类植物园在功能上专门用于栽培山地和高山植物，或者是一些热带国家的植物园用于栽培亚热带和温带植物。在规划分区上注重不同海拔高度植物区系的划分，使游客观赏到不同海拔的同种植物的形态，或者是对高山岩生植物的分类分区，如华西亚高山植物园，它的主要功能就是收集保存高山珍稀濒危植物，包括西藏长叶松、夏腊梅、水青树等。在分区上对三个不同海拔高度的杜鹃花自然群落进行划分，还建设有珙桐专类园、报春花专类园等，并在海拔2000～3200的地段规划建设生物多样性保护研究区或生态定位观测研究区。

九、自然或野生植物园的功能及分区

此类植物园较少，在功能上主要是在物种保护、野生植物的引种驯化和公共教育中发挥作用，也包括当地植物的收集。在规划分区上主要是从植物分类学的角度进行分类，如河南野生观赏植物园，它的功能以展示原产于河南的野生观赏植物为主，兼顾产于外省且适应河南立地条件的野生观赏植物等，在总体规划布局上分为蕨类植物园区、野生落叶草本园、野生落叶木本园及野生常绿专类园。其中野生落叶草本园下设单子叶草本分园和双子叶草本分园，落叶木本园下设落叶藤本、落叶灌木、落叶乔木三个分园；常绿专类园下设常绿草本、常绿藤本、常绿灌木和常绿乔木四个分园。每个园区均以野生植物为主要展示对象。

十、主题植物园的功能及分区

此类植物园在形式上类似于植物专类园，在功能上通常用于科普教育、科学研究、物种保护以及公众展示活动。在分区规划上有体现亲缘关系（如同种、同属、同科等）划分的区域，也有通过展示生境划分区域的，如岩石园、湿生园、盐生园等，还有根据观赏特点和经济价值划分的，如芳香园、木材专类园等。现在主题植物园的形式已经融入在综合性植物园、观赏植物园等大型植物园中。

十一、社区植物园的功能及分区

此类植物园功能上主要是满足社区居民的娱乐休闲活动，在分区上根据园区大小、植物种类等差异较大，无明确的分区形式，如广州大运家园住宅区因为绿化面积较大，在分区上将其划分为绿岛迷宫区、主入口水景区、东南亚风情泳池区、都市丛林区等。而一般社区基本以满足一般休闲功能为主。

十二、园艺植物园的功能及分区

此类植物园的功能主要是通过培训专业园艺工、开展植物繁育、园艺品种登记和保护来促进园艺学的发展，在规划分区上与一般观赏植物园区别在于以观赏花卉为特色，在每个分区中都将花卉草本植物融于其中，如英国威斯丽花园，它是按植物园规格布置的花园，内容上是以观赏植物为主，处处考虑四季有花可赏，但有在各区突出自己的特色，如树木园、松柏园等，不是像老一派植物园只种树木和松柏，而是乔灌草穿插种植，注意四季景观。该植物园分为24个游览区，按植物分类学、植物地理学、生态学、专类搜集等要求布置，其独特之处是与观赏植物为主的专类花园相比，即使在一般乔木展出的地方，也点缀不少花灌木和草花。其艺术性超过了一般的植物园，但科学性并未减低。

第四节　现代城市的特点及对植物园功能要求的演变

随着社会的进步，经济的繁荣和科学技术的发展，植物园已经成为一个城市生态文明建设的象征，担负着保护、科研、科普、游憩观光的功能。同时，现代城市植物园大多建在城市的中心或近郊，一般占有较优越的自然环境和较大的土地面积，因此，植物园可有效地提高城市绿地被盖率和城市景观价值，在这方面植物园又为该城市对国家生态园林城市的申报上起到了积极作用。但是，植物园是公园，但又不同于一般的公园，植物园丰富的物种使其具备比一般公园、风景区更具优势的园林外貌基础。现代城市的经济快速发展带动了现代城市植物园在功能上的不断变化，总的来说，现代城市植物园的功能已经不单是为该城市的园林和绿地建设服务，它们已经成为城市生物多样性的重要基地，它在保留一般植物园的共同的功能以外，还充分利用植物所具有较高的观赏价值开展生态旅游业，为当地居民带来了经济、社会效益，在促进旅游业的可持续发展方面做出积极贡献。由此可见，观光游览已经演变成为现代城市植物园的重要功能。

在现代城市植物园的建设上，为体现其功能应根据规划时不同的建园目的和自身条件，专注某一方面或几方面的功能要求，并力求形成自己的特色，以改变过去中国植物园在功能上和分区上过多的相似。有些植物园已经有所突破，并取得了良好的效果，如上海植物园的盆景园、杭州植物园的花展、西双版纳热带植物园的旅游特色等。不过，部分现代城市植物园对于教育的功能还不够重视，还是以传统的科普活动听和看的形式为主，如通过分类挂牌，标识植物的学名和原产地。故大多数人还只能满足游憩行为较低层次需求。允许有人亲自动手操作，参与植物的繁殖、播种、扦插、嫁接等环节，通过实践体验，能更深刻地领会并获得精神上的愉悦感，同时还可以得到劳动成果，这种形式的教育活动是我国现代城市植物园观光游览功能演变的趋势。

第五节　现代城市植物园中对于观光植物园的功能的要求

现代城市的发展，对现代城市植物园的建设提出了更高的要求。现代城市观光植物园作为现代城市植物园中的一种类型，在近几年得到迅速发展，在功能上也变得更加多样化。张治明在中国植物学会植物园分会第十五次学术讨论会指出："目前，除了所处地理位置的自然气候特点所反映出来的地区植物区系特色和园林风貌，以及由于所属关系在建园与科研的主次关系的差别外，多数植物园没有形成自己的特色"。所以，每一个现代城市观光植物园都要根据植物园所在的地理位置、发展历史等，形成自己的特色和个性。

现代城市观光植物园面向公众开放，首先，它的主要的功能是观光游览。要满足这一功能首先要注重园林外貌的塑造。在现代城市观光植物园中，优美的园林景观主要是以丰富的植物种类为素材，多以“专类园”的形式营造出来的。因此，建立有特色的植物专类园是现代城市观光植物园规划首先需要考虑的。可以这么说，是否建立具有当地特色的植物专类园决定了这个植物园的价值和可持续发展的能力，如厦门植物园的棕榈园拥有322种的棕榈科植物，该植物园凭借多变的地形地势，独特的植物配置手法，营造出独特的棕榈岛景观。其次，它的次要功能应归于科普教育。观光植物园相比较与其他传统植物园，在科普教育上具有更大的优势，在科普教育的形式上要多样化，如植物标志牌、不同季节植物展览、园艺实践等。最后，现代城市观光植物园作为城市公园绿地系统的组成部分，为更好地为城市园林绿化服务，科研的功能也是必不可少的，要坚持绿化材料的创新和新品种的培育。

湿生植物区位于观光植物园的西部，紧邻水生植物区的水塘四周，总面积6865平方米。由于地下水位较高，土壤过度潮湿，一般中生性和旱生性植物难以生长，因此在此区域选择耐水湿性很强的植物进行配置和造景。植物与水边的距离一般要求有远有近，有疏有密，切忌沿边线等距离栽植，避免单调呆板的行道树形式，如选择耐水湿的垂柳与桃树配置，春季形成“桃红柳绿”的景观，还可以选择耐水湿的落羽杉形成风景林，且可以在林地内形成奇特出土、形状怪异的呼吸根，吸引游客。在此区域还可以配置的乔木有枫杨、落羽杉、乌柏、合欢，榔榆等；可以配置的灌木有木模、木芙蓉等；可以配置的草本植物有野芋、狭叶谷精草，鸭蹈草、营草、黄花美人蕉等。水生植物与湿生植物相呼应，形成了层次丰富的植物景观。

彩色植物区位于观光植物园南部，总面积29997平方米。我国的城市园林现在提出了四化，即绿化、美化、香化和彩化。彩色植物近几年来在我国发展如火如荼，彩色植物的引种、驯化自然也成了热潮。为了向市民展示我国现有的彩色植物的研究成果，特开辟了彩色植物区，并设置在陵阳大道和齐山大道交汇的一侧，彩色植物景观自然也能得到更好的展示。在植物选择上，彩色乔木选择金边鹅掌楸、红枫、金叶雪松等；彩色灌木有矮黄护、宽叶石楠、红瑞木、狗枣称猴桃等；彩色草本植物有羽衣甘蓝、小叶网纹草等。

地被植物区为了充分利用植物园的土地资源，故将地被植物分别设置在市花市树区、彩色植物区和观果植物区的树林下。在林窗配植阳性地被植物，在林缘配植半阳性地被植物，在林内配植耐阴的地被植物，总面积为48493平方米。

收集和展示的地被植物有马蹄金、吉祥草、红花醉酱草、矮莺尾、美女樱、菲白竹、翠竹、过路黄、麦冬、花叶蔓长春等。

休闲娱乐区位于植物园中部偏下处，与水生植物区毗连，总面积15850平方米。该区域利用亲水的环境和微坡地地形，形成大面积的草坪和疏林草地景观，为来植物园的游人提供一个活动和交流的空间，可以进行一系列体育活动，也可以在临水的木筏道上散步游览水景等。

第六节　现代城市观光植物园的功能区划分原则

通过对现代城市观光植物园功能上的分析，为我们对该类植物园的功能区的划分提供了科学的理论依据。主要概况为功能性原则、生态性原则、特色性原则、科学性原则四项原则。

一、功能性原则

植物园属于一种特殊类型的城市园林绿地，在“艺术的外貌”之下还需要具备“科学的内涵，文化的底蕴”。随着植物园的发展，它的功能演变必然与相关学科的最新动向、人们的审美情趣的转变以及观光游览的深层需求密切相关。首先，功能分区应该明确，各分区之间通过道路网相互衔接，联系紧密，这样便于日常的管理。其次，由于植物园所具备的功能较多，每个功能分区的景观也呈现出多样性，表达的形式也各不相同，有些是以自然景观为亮点，有些则是以景观小品、娱乐设施为手段，所以在植物园的功能上应力求做到内容丰富多彩，植物园中的自然景观和人工景观应充分发挥最佳效果，吸引游客。最后，在植物园中的各类设施也要满足基本的功能需要，如游憩设施、服务设施、公用设施等，应种类齐全，满足不同年龄段人们的需求。

二、生态性原则

植物园作为现代城市绿地中的一部分，以服务城市生态建设以及满足人们绿色生态文化消费为宗旨，体现生态文明的时代特征，必将成为城市实现可持续发展的一项重要的基础设施。植物园的景观塑造与植物景观是分不开的，而植物景观是有生命的自然景观，对其进行配置设计和人为加工时必须了解它们的习性，遵守它们的自然生态规律。研究环境中各种因子与植物的关系是植物造景的理论基础。由于植物景观是有生命的自然景观，是动态的、持续变化的，所以植物的大小、色彩、姿态在生长过程中也会不断变化，随着季节更替也有所不同。在进行植物配置时，我们必须要考虑到这些可变因素，不仅仅要满足现状需求，而且应考虑到长远效果，应对将来的景观变化有预见性。如在植物栽植的密度上要有长远规划，使植物园得到可持续发展。

三、特色性原则

全世界的植物园都在创造自己的特色，采取新的策略，使植物园既能与公众接近和受欢迎，又不失于植物科学的基地。在植物园规划时应明晰定位，凸显自身特色。植物园的核心部分是专类园，规划要充分研究全球植物园专类园的发展趋势和各自特色，特别是同一地理区系的专类园，大胆借鉴，同时比较同区域植物园中已有的特色专类园，尽量避免重复设置。从植物的种质收集角度上看，专类园是拥有最丰富的种质资源的园区，既是物种迁地保护的基地，又是专科、专属和专类研究的基地。在此基础上结合自身的特点，发挥自身优势建设不仅具有“艺术的外貌”而且有“文化的底蕴、科学的内涵”的植物园。

四、科学性原则

植物园是一个涉及多种自然科学和社会科学的综合体，它以收集、栽培多样化的植物为基本特征，同时具有科学研究、物种保育、科普教育、教学实习和旅游等功能。国际上，植物园的科普教育有专业部门和专业技术人员负责，也有一些把科普教育项目列入科研的计划，这是我国植物园应该学习的。由此可见，植物园的科学性是始终贯穿于植物园的规划建设当中的。

植物园的科学性原则主要体现在以下方面：一方面，植物园是植物学研究成果的展示平台，也是野生植物种质资源保护、研究和开发利用的理想场所。在科学研究方面要加强各类科研人员的培养，配备现代化的实验设备，掌握先进的科研技术，逐步提高我国植物园的科研水平。在自然景观营造时，根据植物分类、植物地理、植物生态等学科的基本原理，运用园艺学、栽培学和造园艺术的基本知识，从美学的观点出发，塑造出具有丰富科学内涵的景观。另一方面，植物园是进行科普教育的好场所，通过普及植物学和园艺学知识，可以唤起人们的环境意识，号召人们珍惜和保护我们日益被破坏的环境。同时，科普教育要融于大自然的美景当中，满足人们的好奇心，使人们在游览观光中学到知识。

第七节　植物园规划的案例分析

一、池州市概况

池州市位于安徽省西南部、长江下游南岸。北濒长江与安庆市隔江相望，东与铜陵市、芜湖市毗邻，东南与黄山市交界，西南与江西省彭泽、鄱阳县接壤。其地理坐标是：东经116° 33′ ~118° 05′，北纬29° 33′ ~30 ° 51′。市内现辖贵池区、东至县、石台县、青阳县、九华山风景区，下设41镇39乡4个办事处。全市国土总面积8271. 7平方公里。

池州市整个地势由东南向西北从中山、低山过渡到丘陵，最后至岗地、平原。池州市中山是黄山余脉和九华山山脉。黄山山脉主要分布在石台县和东至县境内，由大历山、枯牛山、仙寓山等大山组成。九华山山脉主要分布在青阳县、贵池区境内以及石台县东部。

池州市地处亚热带北缘，属温暖湿润的亚热带季风气候。气候特点为：气温温和，季风明显，雨量充沛，光照比较丰富、雨热同季、光照比较充足、植物生长期长。四季特征：春温多变，雨水较多。夏热多雨，梅雨显著。秋季少雨、晴朗稳定。冬季寒冷，干燥少雨。池州市年平均日照时数1730～2100小时。年平均气温–16.10℃，1月份平均温度为3.1℃～3.5℃；7月份平均温度为27.9℃～28.7℃。极端最低气温为–16℃，极端最高气温为40.9℃。平均无霜期220天，最短189天。年降水总量在1400～1590毫米。

二、池州市植物园概况

植物园地的规划，首先要选择园地，对园地进行测量及调查，要有1/1000或1/2000的测量图，及1/500地形地貌图，要掌握当地水文、土壤、气象、水利、地被等自然条件资料。同时要选择与城市的相关位置是由植物园的性质、类型、服务对象所决定的。尤其现在在城市建立的植物园已经成为城市公共绿地的重要组成部分，因此植物园的选址必须有利于面向公众开放。根据这些原则，池州市植物园选择在城市南入口的齐山风景区的南麓，陵阳大道的北侧，齐山大道的东侧围合的区域，属于平天湖风景区的组成部分，交通也十分便捷，有利于对公众开放，选址是科学合理的。

从建立植物园的自然条件来看：池州市植物园的用地主要为水稻田和菜园地。土层深厚、土壤肥沃、排灌条件较好，土壤微酸性，有利于引种植物。

植物的生长喜欢平地，而且地形平坦一些有利于老弱病残游人的观光，也有利于园林植物的生产和运输。池州市植物园用地地形较平坦，虽然也有地形的变化，但相差不大，十分理想。

池州市植物园内有一口大水塘，而且还分布着两个小水塘。这些水塘为植物园植物的生长提供了水源，且为规划水生植物区、湿生植物区和形成水景创造了基础条件。

三、功能定位与指导思想

不同植物园的功能定位可能有很大的差异，就池州植物园而言，结合池州市的科研力量和经济水平提出植物园的功能定位，同时还要考虑与同区域已有的植物园进行横向比较，进行差异化发展和竞争，在功能定位上充分研究全球植物园专类园的发展趋势和各自特色，特别是同一地理区系的专类园，大胆借鉴，同时比较同区域植物园中已有的特色专类园，尽量避免重复设置，在此基础上结合自身的场地特征和地域文化布置专类园，使之成为本地区乃至全国闻名的亮点。

因此，其指导思想是：充分利用该植物园的良好的交通条件，以齐山风景区为背景，根据植物生理生态习性、观赏特征的差异，强调池州地方特色、突出华东区特有的植物特色景观，突出重点，进行科学的功能分区和布局，将其建设成集植物识别、生态文化教育、赏景和游憩等功能为一体的观光植物园。

四、植物园功能分区及布局

全园布局以自然式为主，规则式为辅。入口区规则整齐的花坛群与下沉式广场，有利于人流的集散，烘托开朗热烈的气氛。其余区域根据各自的特征，因地制宜，景到随机。根据植物的生物学特性与生态习性，按观赏性组景，将其划分为如下区域：主入口景观区、水生植物区、岩生植物园、湿生植物区、盆景园区、观光温室区、观果植物区、观花植物区、观赏竹区、市花市树区、彩色植物区、乡土植物区、珍稀濒危植物引种示范区、休闲区、地被植物区 15 个园区，其中地被植物区设置在市花市树区、彩色植物区和观果植物区的林下，不单独占用土地。

池州市观光植物园的功能分区的划分以“艺术的外貌、科学的内涵、文化的底蕴”为设计理念。“艺术的外貌”体现了各个功能区的优美园林景观；同时“科学的内涵”又体现了各个功能区划分上的科学性；特色植物园中的盆景园区、市花市树区体现了池州植物园在功能上所体现的“文化的底蕴”，各个功能区之间通过道路网紧密地结合在一起。

(一) 主入口景观区

该区的功能定位是为了吸引游客观光游览，以满足“艺术的外貌”的理念，开发植物园的生态旅游价值。在布局上以规则式为主。入口区位于观光植物园西南角，包括主入口广场和主入口至观赏温室轴线的东、西两翼，总面积18059平方米，其中入口广场面积5885平方米。该区域的功能包括：标识性主入口、主入口集散广场、生态停车场和入口区景观绿化。该区域绿化的格调为稀树草地景观，以草坪为基调，在草坪上组团式点缀树形优美的景观树种，均采用松柏类的常绿树种。从轴线向外辐射，由低及高，由小及大，由疏及密，形成绿化景观梯度，主要树种有雪松、白皮松、日本五针松，华山松、圆柏，塔柏、洒金千头柏、日本冷杉、罗汉松、短叶罗汉松、小叶罗汉松、红豆杉、粗榧、香榧、三尖杉等。常绿松柏类树种丰富了植物园入口区冬季的植物景观，且松柏类树种树形优美，比较适合在开阔区域形成孤植、丛植和群植景观。

(二) 观光温室展览区

该区的功能定位是使游客在国内也能欣赏到热带地区的奇特植物，通过植物标识牌和解说系统使游客对热带植物有所了解，在满足“艺术的外貌”同时，也体现了植物园的“科学内涵”。该区位于观光植物园东南入口区内，圆形玻璃温室建筑，总面积2181平方米。

在温室内主要展示沙漠植物和热带植物。在观光温室内分设茶吧、咖啡屋和植物旅游产品销售柜台。温室观光蔬菜、水果、园艺花卉和多年生草本植物可以展示西葫芦、小葫芦、树番茄、大叶凤仙、孔雀草、心叶向日葵、糙叶向日葵、小雏菊、金鱼草、宽叶薰衣草、美国薄荷、辣薄荷、碰碰香、芭蕉、百香果等。

热带植物展示区可以展示砂糖椰子、丝葵、董棕，短穗鱼尾葵，槟榔、三药槟榔、假槟榔、油棕、大叶蒲葵、神秘果、人心果、蛋黄果、龙眼、荔枝、番木瓜、线枝蒲桃、草莓番石榴、阳桃、橄榄、中粒咖啡、金鸡纳树、可可、狗牙花、盆架树、云南蕊木、对叶榕、心叶榕、花叶薜荔、海红豆、红花羊蹄甲、火烧花、斑叶竹芋，花叶竹芋、朱蕉、狭叶鹅掌柴、剑叶龙血树、龟背竹、花叶万年青，紫芋、海芋、铁线旅、鹿角旅、尼古拉大鹤望兰、西藏虎头兰、大花万代兰、蝴蝶兰、剑叶石解、肿节石解等。

沙漠植物展示区可以展示木立芦荟、中华水龙骨、剑麻、龙舌兰，狭叶龙舌兰、量天尺等。

(三) 观花植物区

位于观光温室的北侧，总面积4524平方米。将次区域划分为四个小专类园，即海棠园、玫瑰园、桂花园、木兰园。为了充分利用园区土地，并使展区成为复层的花卉立体空间，在花木下配置宿根花卉，形成宿根花卉区。

海棠园展示各类海棠，如西府海棠、西蜀海棠、木瓜、山楂海棠、垂丝海棠等种和变种、品种。

玫瑰园展示单瓣月季、香水月季、刺毛蔷薇、玫瑰等种和变种、品种。

桂花园展示刺桂和金桂、银桂、丹桂和四季桂等种、变种和品种。考虑到观花植物区的空间结构，月季园和海棠园形成低矮灌木层次，且主要是落叶类型，桂花形成大灌木或小乔木层次，与木兰园中的高大乔木形成三个梯度空间结构。

木兰园展示常绿乔木广玉兰、乐昌含笑、深山含笑、阔瓣含笑、木莲、乳源木莲、落叶乔木白玉兰、紫玉兰、厚朴和凹叶厚朴，常绿灌木含笑等种、变种和品种。

(四) 特色植物区

该区的功能定位主要是体现植物园的“文化的底蕴”，使外地游客欣赏到独具地方特色的植物景观。设计有市花市树区、珍稀濒危植物引种示范区、乡土植物区、观赏竹区、盆景园区、岩石园区6个特色园区。

市花市树区位于观光植物园中部，西南紧邻观花植物区，西部紧邻休闲区，东部是盆景园区，北侧是珍稀濒危植物引种示范区，面积10957平方米。该区域主要是收集安徽省省树和省花及各城市市花市树。通过市花市树的展示，让更多游客认识和了解安徽省的市花市树，不仅能起到科普教育的目的，也对安徽省的各级城市起到了宣传作用。

珍稀濒危植物引种示范区位于观光植物园北部，其东紧邻观赏竹区，南边为市树市花区，西部是观果植物区域，总面积21356平方米。该区收集和展示我国和安徽省的珍稀濒危植物，可以收集和展示异地保护的植物有银杏、水松、水杉、珙桐、天目铁木、金钱松、秤锤树、杜仲、胡桃、华东黄杉、连香树、水青树、香果树、舟山新木姜子、黄山梅、独花兰等。

乡土植物区位于观赏植物园东北部，其西南部紧邻观赏竹区，总面积30394平方米。乡土植物是创造“景观文化”本土化、实现园林文化多样性的重要基础，今后在园林建设中应尽量多使用当地的乡土树种，不仅可形成地方特色，同时能改善生态环境，增强对自然灾害的抵抗力。我国的城市园林中出现了千城一面的局面，因此园林界今年来呼吁城市绿化应重视乡土植物的应用，在国家生态园林城市申报条件也专门提出了本地植物指数要达到0.7以上的要求，在池州市观光植物园中设置乡土植物区，收集和展示池州观赏价值较高的乡土树种。在池州市观光植物园中可以收集的常绿乡土树种有苦储、胡颓子、棕榈等；落叶乡土树种有无患子、喜树、蓝果树、山槐、榔榆等。通过对乡土植物的展示，使游客了解安徽本地植物在园林绿化中的应用。

观赏竹区位于观光植物园东北部，东部和北部与乡土植物区毗邻，西南部为盆景园区。竹区与盆景园区相呼应，使游客感受到浓浓的文化气息。竹类植物具有很高的美学价值，主要表现在我国悠久的竹文化以及竹竿、竹叶和竹笋的形态和色彩等方面。主要向游客展示观赏价值很高的竹种，如大型竹毛竹，嫩竹竹竿被白粉的淡竹、竹竿黄绿相间的绿皮花毛竹、黄皮花毛竹、黄竿乌哺鸡竹、金镶玉竹、新竿绿色老竿紫色的紫竹、竹竿节间隆起奇异的龟甲竹、叶片黄绿相间的菲白竹、低矮能做地被的翠竹，还有叶片很大，可以包粽子的长耳箬竹等。

盆景园区位于观光植物园观赏竹区的西南部，西部与观花植物区和市花市树区相邻，总面积3460平方米。徽派盆景是我国七大盆景流派之一，具有它自身的风格特色。徽派盆景以歙县卖花渔村为代表，包括歙县、绩溪、黟县、休宁等地的民间盆景。徽派盆景以“古朴独特”的风格见长，代表性作品“扭旋式松柏桩”和“游龙式梅桩”在我国盆景界影响很深。尤其是“游龙梅桩”盆景驰名国内外，曾和徽墨齐名，称为“徽梅”。池州市具有丰富的天然树桩资源，有条件在植物园设置盆景园区，园区采用中国传统的造园手法，运用景墙、景廊等形式进行布局。盆景园区的设置不仅增加了植物园的游览内容，也传播了徽派盆景的文化，更让游客了解徽派盆景植物和造型的特点。

岩石园区位于观光植物园区的近中部，东侧与观光植物区相邻，南侧紧靠彩色植物区，西侧与休闲区，北侧与市花市树区相接，是园区高差较大的区域。总面积7450平方米。我国山石在园林中常以山石本身的形体、质地、色彩及意境作为欣赏对象。岩石园不仅仅讲究置石本身的观赏性，还要与色彩和形体丰富的观赏植物相配置，形成刚柔相济、硬软结合的景观。岩石选择与齐山风景区的熔岩石种保持一致。植物选择以观赏花灌木和多年生宿根性草本植物为主，植物的应用使岩石有漏有藏。在较大的岩石之侧可种雀舌黄杨、黄瑞香、十大功劳、牡丹、南天竹、六道木、火棘等；在石缝隙与岩穴处可植沿阶草、蝴蝶花、红花醉浆草、书带蕨、垂盆草等；在较大石隙间可种植地与藤本植物，如络石、常春藤、薜荔等；在较小的石块间隙可植石蒜、桔梗、石竹等。将山石与坡地地形结合起来，利用丰富多彩的植物，创造出具有池州特色的岩石园。

（五）观果植物区

位于植物园西北角次入口区，总面积4541平方米。在这个区域向游客展示各类观果价值很高的树木，让游客感受丰收的喜悦和大自然的神奇。落叶观果树种选取山杏、蟠桃、木瓜、无花果、山核桃等种及品种；常绿观果树种向人们展示了枇杷、柑橘、柚等；灌木类树种选择了火棘、石榴、朱砂根、紫金牛等；草本观果植物向人们展示了蛇莓、草珊瑚等。

（六）水生植物区

位于观光植物园西侧，总面积26579平方米。水体设计应用现状中的一口大水塘和2口小水塘改造而成，结合道路空间，划分为2个水体区域。在水生区域利用适宜池州自然环境的水生植物进行配置和造景，收集具有很高观赏价值的水生植物。在深水区选择挺水植物荷花和浮水植物芡实等，在浅水区域选择浮水植物睡莲等，水塘的岸边选择慈姑、芦苇、香蒲、花富蒲、三白草、千屈菜等，形成水面和岸边高矮有致的水生植物景观。

五、植物园道路规划

凯文·林奇认为，道路是观察者习惯、偶然或是潜在的移动通道，它

可能是机动车道、步行道、长途干线、隧道或是铁路线，对许多人来说，它是意想中的主导元素。

池州市植物园的道路系统具有组织游览路线、分区和生产运输的功能。主要分为3级：主干道位于入口区长，100 m，宽9 m；二级道路长1752 m，宽4. 5m，便于施工车辆和防火车辆的进入；三级道路为步行道，长1297 m，平均宽1. 5m。道路成环形布置，使观赏路线不重复，避免游人产生厌烦情绪。同时，配合植物园功能区的设计划分实施，加强植物园中的景观结构关系，在不同级别的道路指引下，形成不同尺度的空间格局及景观布局。

第三章

现代城市植物园规划方法的研究

第一节　城市植物园的内涵

一、景观空间特点

植物公园涵盖内容较多，其最具特色的景观空间在于融合了植物园与综合公园的双重优势、借助于植物园植物科学分类结合科普进行科学知识的宣扬，打造出不一样的游憩观赏空间。

二、植物公园的特点

吸收和融合了综合公园的更多公共服务内容的植物公园在多方面呈现出比植物园更大的发展空间。

(一) 丰富的生物多样性

植物公园力求模仿自然生境状态，园内收集了世界各地的植物资源，尤其是珍稀濒危物种，物种丰富度极高，创造出一种以生物多样性保护为基础的多样化生境景观。

(二) 具有保护和利用的双重性

植物公园肩负植物保护与培育的主要责任，并利用植物形成科普教育与游赏等重要内容。园内植物资源丰富，可创建优美的植物生境，用以保护生物多样性，保护城市的生态平衡。同时，优美的环境提供了居民亲近自然、休闲游憩的场所，专业化的植物搜集、培育和管理提供了良好的科普教育机会。

(三) 丰富多彩的游憩活动

植物公园营造的丰富的自然景观空间，为市民的各项活动如娱乐、健身、聚会等提供了良好的环境条件。在科学管理下的自然生态景观中放松、学习和交流，给人带来一种别样的自然生境体验。

三、植物公园景观资源的构成

自然地理、人文风俗、气象气候等是构成植物公园景观的重要的影响因素，本文从自然景观、文化景观、功能景观三方面探讨植物公园景观资源的构成。具有景观特色的自然资源的优化利用，是在创造一种景观也是在保护优美的环境；赋予文化内涵的场地，是一种充满了情感的景观；为满足园区功能，各类设施的增添形成的美也是一种景观。融汇各类景观，使植物公园发挥生态、美学、文化等多重价值，形成一个具有特定结构和功能的景观综合体。

(一) 自然景观资源

此处的自然景观资源是指因免于或少受人类干扰而能保持自身状态且有一定观赏价值的自然景象，自然的群落结构，生命、生长、季相变化的特性，折射出当地的自然风貌特征。

植物公园自然景观资源主要是指植物公园范围内的自然环境，包括：1. 自然地理资源，指规划场地特有的地形地貌、土壤、具有奇特的自然地理特质或环境，如悬崖、峭壁、怪石、溶洞等；2. 水文资源，指园区内的山泉、瀑布、湖泊、河滩、溪流等景观；3. 生物资源，主要指园区内动植物(如鸟、昆虫)资源；4. 天象资源，包括园区内所以发生的天象景观，如日出、日落、雪景、雨景、云霞等。这些自然景观直接影响植物公园特色的构成，成为植物公园景观规划的基础。

(二) 文化景观资源

不同地域受自然条件和经济水平的影响，长期的生活积淀下形成了不同的生活方式、风俗习惯，甚至建筑形式也发生改变，形成了自己的特色。这些特色是一种地域文化的体现，只有融于地域文化的植物公园才称得上是拥有了灵魂和内涵的景观。

植物公园的文化景观资源主要包括：标志性建筑、历史遗迹、风俗习惯、当地的生活生产方式等，它们述说着当地的历史，承载着人们生活生产方式的变迁，形成了地域特色的文化景观资源。

（三）功能景观资源

功能景观是指以自然景观及文化景观为基础，由设计师科学与艺术结合创造的人工景观。本文根据植物园以及其他现代公园建设中的经验将功能景观资源构成要素按照不同的使用功能分为娱乐设施（滑梯、秋千、游船）、观赏设施（如假山、喷泉、花坛）、健身设施、休憩设施（园凳、座椅）、社交设施（如光观温室、标本馆）、遮蔽设施（如花架、游廊、）、公用服务设施（如路标、厕所）、管理设施（如配电房、治安室）八个方面。它们通常根据不同的园景而造型各异，其中娱乐设施及健身设施还为满足不同年龄组的要求而分为儿童、成年、老人等不同类型。

四、城市植物公园的景观风格

植物公园以打造自然生态的景观环境为初衷，其规划建设要求达到人工与自然的高度协调与融合，形成集植物保育、生态游赏、科普教育于一体的自然生态的景观格局，从而满足广大都市居民亲近自然的需求。

城市植物公园的景观风格从多个方面体现，首先，城市植物公园是以自然生态系统为主体的人工构建，其规划是协调于自然且保护自然的改造、美化过程，使园区景观能够自我维持和生长，展现良好面貌。例如，对植物的配置多采用自然式的群落结构，铺装材料多用当地自然材料，颜色和材质要融于自然等，让整个园景尽显自然韵味，展现勃勃生机；此外，城市植物公园作为游赏、学习的富有趣味的自然场所，规划具有更新能力的自然景观，可以更好地吸引游客前来，感受生命的精彩。

五、城市植物公园的功能

城市植物公园作为城市的组成部分发挥了非常重要的功能，具体表现在以下几个方面。

（一）改善环境、美化景观

植物公园作为以植物为主体的景观构造，园内植物资源相当丰富，对于维持碳氧平衡、防风固沙、调节小气候等作用显著，具有城市“绿肺”的功能，能够大大地改善城市环境。此外，作为城市绿地系统的重要组成部分，植物公园有效地与城市其他绿地衔接，在净化、美化城市方面也起到很大作用，调节与平衡了整个城市的生态系统。园内自然优美的环境可以吸引不少游人前来游赏，不仅是城市景观的有机组分，更是成为城市景观的代表，在很大程度上突显了城市的景观风貌与特色，提升了城市的整体景观质量，是一种标志性的存在。

（二）保护生物多样性

植物公园的规划和建设是以自然生态为基本原则，以营建自然的生态系统为目标，完善城市绿地系统，形成良好的生态基质。城市中，对植物公园的规划也是对生态环境的规划，利用其中丰富的动植物资源、水资源营造出自然生态的环境，让人们看到植被繁茂、花团锦簇，鸟类、鱼类等动物在其中自由生活的景象，使植物公园成为生物多样性保护的重要场所。

（三）提供休闲游憩场所

植物公园内环境优美、空气清新、景观丰富，可以成为人们开展活动、调节心情、游憩赏景的良好场所。在规划早期，其区位选择就以交通方便快捷、环境优越为基本考量，为成功规划植物公园、满足居民游园的基本需求奠定了良好的基础。

园内多样化的生态景观资源营造出各具特色的景观空间，配以各类公共设施让市民在自然清新的环境中休闲游憩、开展活动。此外，以植物收集、展示为核心的植物公园，可以融入园区采摘、自然科普教育等丰富多彩的体验活动，以满足各阶层人士的需求，让人们在赏景、娱乐中缓解压力、放松身心。

（四）植物保护、培育及生产

植物公园的核心区域部署有各种植物专类园，主要承担植物保育与研究功能。将植物生态特展示与景观结合起来，使植物专类园形成独具特色、充满魅力的景点，开发植物公园的旅游产业。此外，植物公园内规划有各类苗圃和花卉生产基地，使植物公园在培育、生产、销售和美化等方面发挥重要功能。

（五）科学知识的普及教育

植物公园不仅具备美化、改善环境，提供休闲、娱乐的公共场所的重要功能，在科学知识以及精神文明传播教育方面也发挥重要作用。首先，植物公园拥有植物种类非常丰富的植物专类园，经过生态而科学的规划和配植，使园中植物模仿原始生境下自然而生态地生长。可以说，植物公园是一座植物博物馆，景观空间的创造配合植物生态知识的普及，加上详细的植物解说系统，让人在自然的怀抱中，既可以享受游览观赏的乐趣，又可以加深对自然科学知识的理解与认识，促使人们爱护自然，保护环境。

（六）城市历史文化的延续

作为一项城市园林建设，城市植物公园的景观营造需要融入历史以及文化，才能让人感受到一座城市的魅力。历史文化是城市特色的体现，将历史文化与景观结合，不仅是为成功建设植物公园，创造优美而充满内涵的城市景观环境，也成为保护与传承城市历史文化的具体实践。在植物公园的规划中，依据鲜明的主题融入丰富的文化内涵，使其具有知识性、趣味性和观赏性，最终创造的不仅是良好的环境同样也是一种意境。

第二节　城市植物园的规划方法

一、城市植物公园的定位

在确定植物公园发挥什么样的功能以及对植物公园规划之前，需要对植物公园进行准确的定位。合理的定位是植物公园完美规划的重要基础。对植物公园的定位需要从城市总体层面考虑植物公园的地位和影响并结合具体的植物公园内容进行。

（一）植物公园定位的影响因素

1. 城市社会发展状态

城市社会发展状态决定植物公园的定位，从政治、经济与文化三个方面来体现。于政治上，政府依据整个社会在建设事业上的发展水平和具体情况，对城市绿地的规划建设进行政策调控，作为城市重要绿地的植物公园，其总体规划也势必要适合政府的要求和区域发展目标。经济上，城市依据自身的经济发展水平确定城市绿地的发展层次。文化方面，绿地规划理论的发展以及城市各阶层人民文化水平的提高，使他们对景观做出更高要求，植物公园需要以上三个方面为前提进行建设。

2. 工程背景

植物公园的定位，还需要考虑工程背景，即植物公园建设的基本作用。在植物公园的具体规划中，应当对规划用地的现状进行分析、研究，即其所处的位置及用地范围，它的空间形态结构，场地的性质、道路交通情况、景观空间现状以及与城市的关系。除具备以上要素，作为植物公园还必须具有丰富而奇特的植物资源，以创造学习和研究意义的植物专类区；具有独特的自然风光，为服务大众游赏打下基础；加上其便捷的交通和完善的服务体系，植物公园才有成功建园的可能。因地制宜地建园，制定符合当地实际发展的规划策略，避免盲目建设给环境带来的损害和人力、物力的浪费。

3. 与周边环境的关系

作为城市公共空间系统的一个重要组成部分，与周边的公共空间相邻、相对或相连，因此，植物公园在定位上需要着重考虑与周边环境的关系。如对植物公园开敞景观的利用，加强其与其他周边开敞性景观的联系，这不仅是提升自身质与量、提高利用率的体现，同时开敞的景观在美化城市方面也起到很大作用，此外，规划开敞景观也是加强城市绿地系统各绿地之间的联系一种表现，使绿地系统更好地发挥作用。

（二）植物公园的定位方向

准确的定位是成功规划建设植物公园的基础和保障，同时定位中要抓住植物公园的亮点，使其特色得以体现。

1. 主题定位

主题的定位便于对整个规划过程的把控，确定城市植物公园环境氛围和整体风格。规划中可以根据区位的自然状况，如地貌、气象、水文以及人文风俗等进行主题思想的构思，将它们融入植物公园具体的空间布局与功能分区中去。

2. 性质定位

城市植物公园的性质定位为：以植物保育、维护生物多样性为目标，以植物专类园景观展示为特色，创造一种人工化的自然生态系统，为城市中生活的高压人群提供一个娱乐、交流、学习和活动的自然开敞的环境空间。

二、城市植物公园规划的指导思想和原则

（一）城市植物公园规划的指导思想

依据建设背景，充分利用该植物公园场地的良好的交通条件和区位环境，抓住植物公园打造以植物保育、科普为主题特色的园区景观吸引游赏的特点，依据植物的生理生态以及不同的观赏特性进行科学的布局和分区，打造集专业的植物识别、生态、文化、教育及游赏相结合的充满地域特色的城市植物公园景观。

（二）城市植物公园规划应该遵循的原则

1. 以人为本原则

植物公园以服务于人为根本宗旨，其规划设计应以人的行为和活动为基本准则，在尊重自然环境、地域文化的大环境下，针对不同年龄段、不同层次的游客创造不同的景观环境来满足游客游憩、学习、交流、观赏等多样化的使用需求。

2. 地域文化特色原则

全球化的发展局势带来的文化趋同现象越发严重，城市面临历史文化的流失，园林界面临景观趋同的危机，营造具有地域文化特色的景观或将成为植物公园成功的突破。

地域差异形成城市特色，生活细节构造文化底蕴，地域文化已经成为各大城市存在的一种象征。对植物公园的规划，在顺应时代的发展、强调园林景观的共性时，也不能忽视其个性和特色的表现。在植物公园景观空间的营造中融入地域文化，挖掘当地环境资源，如当地材料、植物，对自然的地形、水、风、植被等提炼和深化，用不同的景观手法表达出来，结合人性需求，打造典型的地方景观风格。这也是21世纪生态保护以及节约精神的体现。

3. 生态可持续发展原则

生态、可持续发展是当今绿地建设发展的大趋势。党的十八大也明确指出生态文明建设的重要性。城市植物公园的规划建设应以保育植物种质资源为宗旨，从自身生态环境特色出发，使自然景观资源能够得到永久的维护和利用，这也是维持及保护生物多样性的重要体现；需遵从了生态、可持续发展的原则，减少对自然地形地貌的破坏，营造生态稳定、环境优美的植物群落景观；满足人类的长远需求，使生态、经济、社会得以稳定、可持续发展下去。

4. 整体性的原则

城市植物公园作为公园体系以及城市绿地系统的重要组成部分，其规划设计应遵从整体设计的原则，考虑到植物公园对整个城市的作用以及与周边景观、周边环境的联系。在进行园区总体布局时要对密切联系和整合园区内部各景观要素，融合自然环境与地域文化，使园区自然景观与人文景观统一，同时，需加强与周边环境的联系，提高植物公园整体的规划效果。功能分区规划要求区与区之间有机结合以及相互渗透，各种配套设施需与整体环境相统一，细节的设计需服从于园区的整体景观风格。

5. 经济的原则

节约精神是21世纪的重要体现，城市植物公园应倡导低成本、便维护、易管理的营建模式。充分尊重和利用自然现状，不影响整体设计的前提下，进行适当改造，以获得最大成效。

三、城市植物公园的整体规划策略

（一）营造分区合理的环境

植物公园作为一种园区景观，以服务广大民众为宗旨，满足民众对自然环境的基本诉求，其规划设计必须做到以人为本，同时功能分区的基本目的就是使人与环境更好地相处，人性化地进行功能分区是成功构造园区景观的重要手段。植物公园作为城市居民主要的户外活动场所，应合理规划活动和休息场地，配以相应的设施，给居民创造一个游憩、娱乐、交流和学习的环境场所。利用植物、小品、构筑物等不同设施营造不同空间，如水池广场、树林草地，将整个园区分割成动与静、公开与私密等不同的区域，满足广大人群的多样化需求。通过园区不同内容中因借等造景手法的运用将不同景观加以联系，形成一个分区合理、功能完善的植物公园。

（二）自然生态化的设计

自然环境是体现地域特征的基本属性，拥有具备自然属性的植物、土壤、气候等，它们是营造植物公园特色的基础来源，正确地利用并加以合理的规划可营造出充满魅力的景观。以往的景观建设中，常常因为对自然的改造力度过大而使自然生态遭受破坏。如今，人们认识到自然的重要性，开始尊重自然，对于植物公园的规划同样需要如此。设计过程中，要充分利用当地材料，结合地域气候、地形地貌、水体、植物等要素以及植物公园周围的地理环境特征，进行分析、提炼，施以艺术手法，创造宜人的生态特色化景观。

（三）地域文化的融入

社会的快速发展导致经济、文化全球化发展，景观趋同现象也日渐严重，城市化进程的加快进一步使城市历史、文化面临衰落和消亡的局面。在此种严峻局势下，结合城市文脉的植物公园设计是迫切需要的，这不仅是保护城市非物质文化遗产的表现，也是创造特色植物公园景观的需求。

融入文化的植物公园使人在自然的大环境中更容易产生归属感和认同感。在设计中，需要设计师准确认识文脉与城市、城市与植物公园的联系，用无形的理念表达出有形的植物公园，使植物公园体现出城市历史的发展脉络，也突显植物公园的特色，使整个景观营造达到时间和空间的结合。

四、城市植物公园的功能及分区

（一）总体布局与功能分区

1949 年全国解放后，我国各大城市就开始了有组织有规划地造园。合理的园区布局与功能分区是成功造园的关键。设计人员应重点考虑规划场地内的自然资源和人文资源的利用，对其进行合理的安排以及加强两者相互间的融合，此外，还需考虑游览路线的选择以及各项活动的组织、植物公园的运营管理等因素。在充分考虑和合理定位后，整合资源，从全局出发，统一规划园区景观，构造有机的园区功能系统。各区要求特点突出，与其他它区加强联系，注重整体协调性。功能分区主要是针对不同层次人的不同需求结合地形等实际条件对园区进行合理的划分，把类似的活动组织在一起，规划独特的服务内容和各具特色的园景，使整个植物公园充满层次，使各类游园活动能够有序开展、园区各类功能得以全面发挥，同时互不干扰。

植物园对于景观生态意识和理论的完美实践，是植物公园所要吸收和发扬的地方，也是植物公园的核心所在。植物公园在满足植物保育、研究的大要求下以植物观赏体验、科普教育的形式为市民创造一个娱乐、休憩、学习和交流的自然场所。规划中需要对园内场地、道路、空间等进行合理的布局，使功能分区达到植物保育、宣传教育与游憩活动的完美结合的效果，保障园区系统的完整性。同时要处理好开发、利用和保护的关系，注重植物生产和展销的商业化运营模式，使植物公园可持续发展。

（二）植物公园的功能分区原则

1. 功能性原则

不同的服务对象对功能有不同需求，植物公园规划需依据不同的功能需求进行分区规划。针对植物公园规划的总体要求以及不同层次不同年龄阶段的游人游园的目的，在园中规划不同的区域。如为发挥植物保育的作用，可专门规划植物专类区。为满足游人的不同兴趣、习惯等，有儿童活动区、青年学习交流区、老人休闲活动区。完善而明确地功能分区最终可使整个园区活动有规律地进行。

2. 科学性原则

自然要素是景观营造的主体，依据活动内容的不同对园内进行功能分区，形成风格不一的景观。为创造不同的景观，规划中将对地形、水体以及植物等作不同的要求。根据植物公园区位的基本情况，做到因地制宜、科学地规划分区，并结合各区之间的关系、周围环境的影响以及各类设施的设置等进行统筹安排。

3. 艺术性原则

园林艺术创作的实践以及价值体现是为社会、为人类更好地服务，同时也达到传播教育的意义。对植物公园进行艺术的创作，需要在规划中对植物公园的整体造型、色彩等统一，这既要考虑与周边环境的关系，也有考虑规划的园区景观。对于园中山、水、植物和建筑等园林景观构成要素就整个园景的艺术风格进行合理的搭配，具体依据统一与变化、对比与协调、比例与尺度等原则，将植物公园的功能、各类景观、植物设计、建筑等整体面貌艺术地展现出来，形成整体协调的美感。最终营造出一个受大众认可和喜爱的美的环境景观。

4. 特色性原则

特色作为植物公园的灵魂，是吸引游客前来观赏的基础，使植物公园得以可持续运营下去。植物公园的功能分区应以突出特色为基本原则。植物公园规划中以植物的观赏、利用以及品种资源的特性，突出植物在品种游赏、科普以及选育研究的功能，打造植物核心景观区，营造充满亮点的园区景观。

（三）植物公园的功能分区

植物公园可以有多种分区方式：按照植物的运用形式可将其划分为核心植物专类区、植物主题活动区和植物展销区；按照功能可将其分为植物保育区、科普游览区、休闲游憩区；依据活动内容的不同又可分为植物育赏区、休闲游憩区、植物体验区、多样活动区等。本书将植物公园按照植物的运用形式区分为核心植物专类区、植物主题活动区和植物展销区。

1. 核心植物专类区

植物公园的核心植物专类区是植物最为丰富，生态系统相对完善的区域。该区域立足于植物保护、培育、科研、科普等功能，主要是收集培育本地以及全国各地的植物物种，运用科学的植物分类方式进行植物布置，以植物专类园的形式向广大人民群众开展植物生理生态教育，使游人在游憩环境中受到科学文化的熏陶以及生产技能的教育。该区占地面积大，规划内容多而复杂，属于全园的中心。它具有不同的植物专类园，例如按照植物不同的观赏部位有观花植物区、彩色植物区、观果植物区、观型植物区等，按照植物的生理特性有湿生、水生植物区、地被植物区、宿根和球根花卉植物区等。园区内的主要设施包括展览馆、温室、科研管理用房等，根据公园的规模大小、内容要求因地制宜合理地进行布局设置，以规划出自然生态而充满特色的整体园区景观为目标。

2. 植物主题活动区

植物主题活动区延续了核心植物专类区的科学性规划，对景观进行合理布局，成为广大市民活动的重点区域。本区以人的游憩活动要求为主，是以植物为专题的形式创造不同的活动游憩空间，规划适宜的游览方式和活动内容，并为各项活动提供场所和相应的设施。例如针对不同人群有儿童活动区、青年学习交流区、老人休闲活动区；依据不同功能有植物观赏区、活动游憩区、体育健身区、安静休息区；也可以直接就以不同的植物专题创造不同的内容，如植物文化园、植物触感园、植物养生园等。

该区活动内容丰富，有热闹活泼的空间，也有相对安静的空间，是游人比较喜欢的区域。该区建筑、小品以及各类设施形式、颜色应与周边环境相协调，设置有疏林草地、观景亭台、服务中心、娱乐设施、宣传展板、健身设施、管理设施以及其他公用设施等。在这类区域内设置游憩活动设施需结合地形与环境，使其融入公园环境，把对环境的影响降低至最低程度，使景观呈现最自然的状态。此外，尽量选用自然植被丰富、地形优越的地段进行园林景观的设计，注重参观路线的规划，形成合理而完美的风景展开序列。细节处需考量道路的平、竖曲线以及宽度设计，铺装材料、纹样的选用等，达到园区处处景观的效果。

3. 植物展销区

在植物公园中规划植物展销区是可持续发展的商业化模式的体现。植物公园规划植物展销区以各具特色的植物吸引游人观看、驻足和购买，作为经营管理的一种形式，保障了植物公园的正常运营，同时也为植物公园后续改造提升等提供条件。

植物公园展销区的出现可以说是植物公园得以良好发展找到的一条出路。

五、城市植物公园植物规划

景观是赋予了文化的自然形态，因其对人类充满意义而不断被改造。因此景观既是自然，也是文化。植物景观成为现代园林景观的重要组成，植物规划更是成为景观规划的重要内容。植物公园作为一类包含植物园性质的新类型绿地，其植物景观在植物的选择配置上与其他公园有很大不同，既要注重植物专类园景观营造，又要注重大众的交流、学习等景观空间的规划，植物主题与大众需求如何有机结合，是植物公园植物景观规划的关键。

（一）植物的选择原则

对于植物公园植物景观设计中植物的选择，不仅首先要满足一般建园的要求：因地制宜，根据当地自然条件、人文风貌、栽植特点，选用观赏价值高，抗逆性强，病虫害少的树种。以乡土树种为主，保护和保留现有的珍稀植物。

还要结合植物公园的特殊要求，在体现公园公共服务特性方面：为满足游人观赏、遮荫、防风以及日光浴等多样化的需求，植物选用需常绿与落叶搭配，乔、灌、草合理布局。为服务游人、体现植物公园的公益性，需根据人们多样活动或休息的需求进行植物空间的创造，形成季相动态的园区景观。

在体现植物园的特性方面：植物的选择应满足植物收集、保护、培育、研究、科普教育等方面。重点收集和保护野生、珍稀、濒危植物，引进国内外重要的观赏植物、经济植物，充分发掘和收集野生植物资源。

（二）植物的配置与造景

植物具有生命生长、姿态优美、色彩丰富、气味怡人等多重特性，通过季相变化创造多变的景观空间。植物公园具有城市绿肺的性质，可见植物在其中的作用之重。合理的植物配置可以营造优美的自然景观，植物造景是城市植物公园绿地建设的一项重要内容。

城市植物公园植物景观主要是指运用艺术手法，对各类植物进行组合，与园林其他要素如地形、水体的搭配，仿照自然状态，展现植物自身的姿态、色彩等方面的美感，将园林植物与各种景观元素的协调布置，营造出不同尺度不同感受的植物景观空间，最终使营造的植物群落景观充分发挥生态因子的作用，反映和折射出当地人文风情以及自然风貌，呈现一种整体的地域景观效果。

植物公园的植物设计以自然式为主，讲究园林艺术构图，常绿与落叶树种合理选用，形成乔、灌、草在竖向上的层次感，生成较稳定的植物群落，使全园展现三季有花四季有景的动态构图。为满足植物公园的性质和功能需要，植物配置要加强对植物生理生态专类知识的运用，严格规划植物专类园区，让人在娱乐、游赏中，通过对植物分类系统的参观学习，补充和完善自身的自然科学知识。

六、城市植物公园的道路规划

凯文·林奇认为路径是“人天天通过或者可能通过的道路。”因此在进行植物公园道路规划的时候需要着重考虑人在其中的行为方式以及活动路线，此外，自然地形以及与外围环境的联系也是需要考虑的重要因素，由此创造出园区别具特色的道路景观空间。

路径是连接各类园区景观的枢纽，同时良好的路线规划也是一种园区景观的规划。在植物公园的整体规划中，需要对园区道路状况、交通类型、交通量进行精确的分析，通过道路系统的合理规划把植物公园各类型景观联系起来，加强了植物公园的整体统一感。科学、合理的道路系统规划需满足以下几个方面的要求：

1. 便利的交通。园区道路系统以方便、易达为基本规划目标，这不仅要求在线路选择上要合理串联各功能区域，同时应根据不同的出行方式规划不同的线路，满足步行者和车行者的要求。加大连续的步行空间的构建，减少车行对步行系统的影响。

2. 舒适的步行系统。步行系统规划以及步行空间的营造以便捷、舒适为主，可以根据比例尺度以及人的行为及心理对道路的宽度加以控制，在道路系统中适当地安排休憩空间，设置一些座椅以及其他的服务设施。可以加强对边界空间的利用，使园内、园外的景观融于一体，让人在道路中既可以享受园内美景又可以欣赏外界风情。此外，根据游人娱乐或是休闲、健身等多样化的需求，可对道路规划蜿蜒曲折以及简洁明快两种风格。

3. 易识别的景观空间。道路在园中的重要作用之一便是合理地划分园区空间，各景观空间的处理要求主次有序、内容明确。在游人游园中，路线可以起到轴线引领和暗示的作用，从而让人便于识别以及选择自己喜爱的景观空间。此外，可以通过道路的设置加强园内各景观之间的联系，突出了植物公园的整体效果。对部分景观区域通过道路加以围合及进行景观的细化处理，可吸引游人观赏驻足。

第三节　城市植物园的规划的案例分析

一、现状分析

（一）六安市概况

六安是大别山地区的商贸流通及旅游服务中心，安徽省会经济圈合肥经济圈的副中心城市，安徽省加工制造业配套基地之一，国家级交通枢纽城市。六安荣膺“国家级生态示范区”“国家级园林城市”“中国人居环境范例奖”“中国特色魅力城市200强”等称号。

1. 地理区位

六安，别称“皋城”，位于皖西的江淮分水岭区域，大别山东北麓，东与合肥市相连；西与河南省信阳市毗邻；南与安庆市接壤；北连淮南市并与阜阳地区隔河相望，全市国土面积为17976km^2。六安市统辖五县五区，五县有寿县、霍邱、金寨、霍山、舒城，五区为金安区、裕安区、省级六安经济技术开发区、叶集改革发展试验区和市承接产业转移集中示范园区。中心城市建成区面积60km^2，人口约60万。

2. 地形地貌

六安位于大别山北坡面向淮北平原方向，整体由西南向东北方向层层递减，形成山地、丘陵、岗地和平原四种类型。六安大别山脉为长江、淮河分水岭，将全市分为长江、淮河两个流域。境内山脉分为西南段和东段，在历史上西南段有皖山之称；东段有霍山之称。

3. 气候特征

六安地区季风显著，雨量适中，四季分明，光照充足，属湿润季风气候。但地处暖温带与北亚热带的过渡区域，在冷暖气流交会之时，气候多变，自然灾害时有发生。六安市大部分地区平均气温为14.6℃～15.6℃，平均地面温度自北向南在18℃～19℃，均7月份最高，1月份最低。全市无霜期平均为211～228天，山区无霜期较短，海拔超过500米仅有190天左右。全市年平均日照时数1960～2330小时，其中六安为2256小时。全市年日照百分率在46.0%～52.8%，夏秋季节高，冬春季节低。全市年太阳辐射总量在109.7～124.5千卡/厘米。多年平均降水量为900～1600毫米，年平均蒸发量1300～1500毫米。西南山区，蒸发量与降水量基本相等。全年各月以静风居多，风向以偏东风为主。

（二）六安市植物公园概况

植物公园的规划，首先要考虑其位置的选择即当地水文、土壤、气象、水利、地被等自然条件要满足是否满足建园的需求。其次，园址的周围交通情况是否能使其体现对于城市发挥的作用。由于兼具植物园和公园的性质，因此植物公园这种绿地类型的选址特别需要有利于植物生长的条件以及便于面向公众开放。

根据建园的需求，植物公园选择在六安市规划东部新城区的金安区三十铺镇，处六安与合肥交界地带，东到新阳大道，西到新安大道，北到新城大道，南到312国道以南300米左右，交通十分便捷，利于游客及当地居民前来游览。地势西南高，东北低，起伏不大，主要为平原类型，地块内基本无城市开发，主要是大范围的农田用地，平坦的地形利于植物的生长和游人长时间的赏玩。浮河总干渠经过园地北侧，地块内在浮河南边有2块较大水面，另312国道南部有一较大水面，其余为零散的水塘或鱼塘和为引水自浮河的农田灌溉沟渠。这些都为植物公园规划优美的水域景观创造了条件，也是植物景观营造的基础。此外，浮河总干渠两边有一片生长良好的防护林带，可以将其规划成优美的林带景观。本次规划用地面积达10平方千米（15000亩）。

二、规划的指导思想与理念

（一）指导思想与原则

为响应政府号召的生态文明建设，立足浮河总干渠水源地保护，引种和培育大别山区域植物物种，以海绵城市理念为指导，通过运用低影响开发

模式建设，着力打造华东地区最大植物科普博览园、合肥市重要生态安全屏障、六安市海绵城市示范区。规划设计中主要遵循原生态设计、科学艺术融合以及特色创新三大原则。

1. 原生态设计的原则

六安植物公园倡导生态化设计理念，以可持续发展为终极目标。规划中要充分利用和保护六安的原生态环境如山丘、水系、植被、河流等，对具有人文气息以及历史底蕴的建筑加以保留，在充分尊重原始的自然环境的基础上，科学合理地营造稳定而丰富的植物群落，形成坡地、河流等生态型景观，完善景观格局，最终打造一种植物种群多样、生物类型广异、季相变化丰富的景观空间，从而以最小的投入创造最佳的效益。

2. 艺术融于科学的原则

六安市植物公园坚持以艺术造型、科学造园为基本准则，只有坚持科学与艺术相结合，才能使植物公园拥有美丽的外貌、科学的内涵，成为成功的园林实践。时刻谨记将科研、科普功能融于植物公园景观的营建中，将打造出具有深度内涵和别样风情的六安植物公园。

3. 特色创新的原则

以华东地区植物为主，打造具有特色的植物群落景观。追求地域特色的同时，也须顺应时代的发展和需求，对规划理念、布局分区以及具体的建设内容等进行大胆创新，使六安植物公园成为国内植物公园建设、管理的样板，示范六安乃至全国的园林绿化建设和城市林业发展。

（二）规划的理念

首先，依托现有自然资源及城市建设情况，着力打造“多脉、多廊、多点”独具特色的城市生态绿地系统。

多脉：以水为主，对基础水域进行整合，加大与城市水系的连通。同时重点针对滨水区域进行廊道设计，形成一系列的生态脉络。

多廊：建设城际铁路、河流防护绿廊，加大重点道路绿线控制宽度，形成 G312、文峰路、裕安西路等相互交织的多条城市绿廊。

多点：建设多个生态绿化节点。

其次，基于规划区所处位置和现状情况，确定“目标引领、经济支撑、强化特色、完善功能、空间落实”的总体思路，以大别山特有兰花植物为创作题材，提取“兰叶”造型形成“绿脉”，即一条在空间上贯穿南北的特色景观林带。总体形成“一个目标、两个平衡、三大园区、四大功能”的基本格局。

一个目标：国内知名的大型植物公园。

二个平衡：生态地产的出让金与公园建设资金平衡、植物公园生产及旅游收入收益与植物公园后期维护资金平衡。

三大园区：大别山特色植物园区、植物主题园区、高档植物展区。

四大功能：保护培育、科普展览、休闲游憩、旅游观赏。

三、六安植物公园的功能定位、布局与分区

（一）六安植物公园的功能定位

大别山植物公园是以植物收集、保护、培育为主，融科普、游赏和健身活动等于一体，集科学内涵与一流外观的综合性植物公园。根据六安植物公园的规划目标，在整个六安迈向现代化大城市的过程中，大别山植物公园将发挥四大功能，即生物多样性保护和持续利用示范基地；国际范围内的引种与登录资源圃；生态休闲旅游玩乐胜地；青少年科普教育园地。规划引种培育植物物种将达到5000多种，植物园区面积将达到3.0～5.0平方公里，将六安打造为华东片区最大植物科普博览园；浮河总干渠是合肥水源地，也是重要生态敏感地，因此，可作为合肥都市圈重要的生态安全屏障；规划区水资源丰富，生态环境良好，可规划为六安市海绵城市示范区。

（二）六安植物公园的总体布局

六安大别山植物公园的规划遵从总体规划思路引领，以大别山特有兰花植物中兰叶为造型形成的“绿脉”贯穿南北空间，引取浮河总干渠，自北向南利用基地原有水系拓展及沟通，形成湖、河、溪等多形态水系构成完整连通的水脉。为尊重场地，水脉结合原有地势特征共设置为四级水位控制。由此形成“一核两带三轴三片区”的空间结构。其中一核即植物公园核，两带为浮河总干渠及西湖河两条水带，三轴为文峰路、裕安西路、312国道道路景观轴，三片区为大别山特色植物园区、植物主题园区、植物展销区。

以海绵技术为支撑，以碧水绿树为基底，以宜居之家为目标。将规划区分三大版块，即南部交易之窗、中部城市生活、北部植物王国。交易之窗版块利用现有苗圃和312国道便捷交通条件打造植物展示、销售、仓储多功能的综合体。城市生活版块囊括四大植物主题园区，紧邻312国道北部和寿春路南部，让植物与生活紧密相连，人与自然高度和谐，园区两侧分别布置商业用地和商务用地，首次将生态地产融入园区，协助园区发展，其中少量布置居住。植物王国版块立足华东，引种和培育珍稀、特有、水生、湿生、兰花等多品种植物，打造华东地区最大的植物园，满足观赏、科普和培育需要。

（三）六安植物公园的功能分区

根据功能定位，本次规划保护培育、科普展览、休闲游憩、旅游观赏4个功能组团。其中保护培育主要规划在淠河总干渠北部，面积约2.0平方公里。科普展览则主要以主题场馆、科技教育馆、温室观光馆以及珍稀濒危植物进行保护和研究，并将研究成果向公众宣传教育，使之成为提高全民综合素质的科普教育基地，面积约0.7平方公里。寿春路至汉中路的绿化景观带，总面积约1.0平方公里，主要承担居民休闲游憩功能。北部新阳大道两侧，总面积约2.3平方公里，以兰花为主，定期举办观花节，吸引省内外游客前往观赏。中部绿化景观带两侧，总面积约为2.0平方公里为生态地产区域，在此建立科学的生态思维理论体系，作为园区与外围建筑的缓冲区域，起到保护内部园景的作用，也作为生态地产的新模式与公园结合的新尝试，生态化的商业开发带动园区循环发展。根据四个功能组团的详细区分，将整个植物公园区分为大别山特色植物园区、植物主题园区以及植物展销区三大区，同时分三期进行建设，一期主要建设植物与文化主题公园与高级植物展销中心，二期主要建设植物与感官、植物与音乐以及植物与养生三大主题公园，三期主要建设大别山特色植物园。

1. 大别山特色植物园区

六安大别山植物公园是建在六安市城市规划区内的一座具有综合功能的植物公园。大别山特色植物园区是植物公园的核心组成部分，在尊重六安市自然地理环境条件的基础上，收集和展示国内外优良植物种质资源达

5000种以上（含种下等级），开展植物资源的异地保护、植物及生态知识的科普教育、植物生态文化的休闲观光，将大别山特色植物园区打造成省内领先、国内具有重要影响力的，具有鲜明大别山特色的观光植物园区。

规划形成以绿脉为界的两个功能区域，其内为植物公园的核心展示区，绿脉外围部分是植物公园的配套服务区，规划设置与防护相结合的苗木生产、交通服务、宿营采摘基地等辅助设施。

根据六安市大别山植物公园的定位，将大别山特色植物园区核心展示区功能区划分为：观花植物区、观果植物区、观型植物区、彩色植物区、观赏竹区、珍稀植物引种示范区、温室植物区、盆景园区、湿生、水生植物区、地被植物区。

2. 植物主题园区

该区段以植物与生活为主题，按照起承转合的手法设置四大主题公园。通过四大城市生态公园激发城市居民生活的热情，同时与外围规划的城市房地产和商业的开发相融合，使生态经济效益得以循环，实现效益的最大化。

(1) 植物文化园

园区作为景观序列的伊始，毗邻312国道，肩负着对外展示宣传的作用，故设置形象入口广场及植物文化馆，园区展示以大别山文化和六安市地域文化为主题，以造型植物为手段通过设置一系列的主题园、植物雕塑等景观小品向过往的人群展示新城的良好形象。植物文化馆同时承担整体项目组织、推介、宣传场所功能。

(2) 植物养生园

景观序列的承接阶段，实现由入口动区向养生静区过渡。自然环境对人体具有触觉、视觉等方面的刺激作用，植物养生园就是利用这种作用去平衡人的生理及心理，从而达到养生的效果。规划中可选择养生功效的植物营造不同的养生空间。

(3) 植物音乐园

景观序列的转承阶段：音乐是世界的语言，该主题公园以音乐为语言、以植物生境为承载。园内设置大型主景——音乐喷泉，在景观序列上达到一次高潮和转折。

(4) 植物感官园

人通过视觉、嗅觉、触觉等方式来感受植物世界的美，在植物感官园中设置一系列的园区：视觉园区——展示美丽的风景；听觉园区——营造流水园、跌水园、设置声景步道；嗅觉园区——设置芳香植物园区；味觉园区——设置摘果园区；触觉园区——布置木质的座椅等景观小品、设置儿童老人游戏区等五个主题区，并于周围商业区形成一定的呼应，营造良好的自然景观，在景观序列上收尾并向北部植物公园区过渡。

3. 植物展销区

在312国道与新桥大道交口处规划建设高档植物展销园，集中展示、销售各类高档花卉与其他特色植物，室内与室外结合布置，主体展示温室依水而建。植物展销园左侧保留原有建筑，另规划部分区域作商业之用，协同植物展销园发挥作用，也为整个植物公园的可持续发展提供经济资助。

四、六安植物公园道路体系规划

植物公园内道路按主干道、公园电瓶车道、次干道、步行道分级规划建设。此外，为满足游人实现从机动车向非机动车游行方式转化，将园区电瓶车道与次干道规划成绿道体系，其中电瓶车道规划为一级绿道，宽5 m，次干道规划成二级绿道，宽3.5 m，仅供人行。园内设有一个大型驿站，配备服务设施提供休息和餐饮；另设有8个电动车换乘点，供游人换乘电动车。考虑到远期建设需要，对外交通规划预留合六城际铁路通廊。其中蓝溪路与新城大道交口站点与规划区边缘不足2.0公里。

高速路交通方面，近期可利用312国道与济祁高速下道口，远期可利用新阳大道与沪陕高速下道口。其中核心园区道路交通系统规划东联合六城际铁路，北联沪陕高速，南抵312国道，西接城市主干道，交通十分便捷。

具体将整个园区交通体系分为路上交通、水上交通两种形式。

(一) 路上交通

植物公园引取淠河总干渠，自北向南利用基地原有水系或开挖河道，形成湖、河、溪等多形态水系构成完整连通的水脉。为尊重场地，水脉结合原有地势特征共设置为四级水位控制。路上交通配合原始地形规划，交通方式包括汽车、电瓶车、绿道和人行道步行，其中以电瓶车和步行为主。

为了方便联系整个五大园区，沿绿脉外边线开辟一条6 m宽主干道，为机动车道，贯穿南北，并与各主要停车场紧密联系，在北部西湖河主水域规划环形主干道，满足园区内生产、销售、消防车行功能。基本完善对外交通转换衔接功能，园区内正常情况下不允许机动车辆进入。

展会期间，游人众多，为了方便游客，利于组织游览，游客远距离交通由电瓶车解决，电瓶车站点根据各岛景点情况分布，共设8个，其道路宽5 m，材质为透水性砂石路。电瓶车路线上可以通过管理车辆，满足园区内植物保护、管理的需要和园区治安、救护的需要。

园区道路系统组织设置在绿脉中间及在绿道之间，游人由此通向各个景点，道路的选线和转向，除了保证通达目的要求之外，尽量使得游人视线导向好的景观面。较宽的人行步道宽度为3～3.5 m，可以通行管理车辆。另规划有1.2～2 m的步行道路，路面材料为砂石、木材、石材和自然的黄土地等，是各景区内部的游览道路，不能通行车辆，仅供步行。

（二）水上交通

植物公园规划了西湖河，其北侧水域面积较大，故园内安排了由专人驾驶的大型游船和自驾小型游船。通过合理的水上游线的布置和对游船数量的限制，使其既满足了水上游览的需求，又保证了景观质量。大船码头3个，小型游船码头5个，只停留小型游船，在湿生植物区设置水上栈道。

五、六安植物公园的规划特色

（一）交通的体现

针对园区交通规划，在园区合理设置分级交通体系、综合游览线路、水上观光线路、绿道系统，结合植物公园区的各专题园环湖展开、南侧特色花卉风貌线以及北侧色叶乔木风貌线构成环湖花海的景观特色。

（二）绿脉的体现

景区绿脉设计，绿脉既是植物公园体系的内外分界，也是独特的景观空间。绿脉总长为9916m，设计成上下起伏的带状地形，连接各公园出入口、重要节点、场馆等。绿脉将起到视觉导向的作用，并且将植物公园中各类型景观融于一体，突出整体风格。

绿脉的设置将会形成联系、保护、延伸三大方面九个层面的主体功能。

1. 联系功能包括：

（1）生态联系：利用植物林带形成绿色廊道，实现五园三块的整体生态联系；

（2）交通联系绿脉内部的交通系统包含机动车道、电瓶车观光道以及绿道与五园交通体系相互融合；

（3）水联系：绿脉与水脉相辅相成，通过交叉、平行或贴边等形式，实现有趣的联系。

2. 保护功能包括：

（1）对植物公园的保护：林带包围植物公园，从而形成保护林带；

（2）对水源地的保护：浮河总干渠流经园区，林带在其两侧形成防护林带；

（3）城市居住片区的保护：园区西部为居住区，东部为工业区，林带形成一道城市防护绿带分隔两个功能区。

3. 延伸功能包括：

（1）宏观层次：东部经312国道、浮河总干渠往合肥市延伸，西部经312国道、淠河总干渠向六安市老城区延伸，北部经省道向外延伸；

（2）中观层次：园区在横向上向外延伸，从而形成东部新城城市景观轴线；

（3）微观层次：园区南部通过城市公园的出入口，向外延伸形成街头公园。

第四章

现代中国植物园规划建设的发展趋势研究

第一节　中外植物园发展简史概述及特点分析

一、外国植物园发展简史与特点分析

（一）外国植物园的发展简史概述

国外植物园的起源可追溯至公元前两千年，在古埃及、美索不达米亚、克里特岛、墨西哥以及我国的皇家园林中，出现了以经济或展示为目的而种植的植物，还包括一些通过特殊的收集旅行或军事活动获得的外来植物。在一系列旅行和流亡活动无意中形成了早期的植物引种行为，植物园的雏形渐渐有了模糊的原始形态。

在16世纪的意大利北部城市比萨（Pisa），帕多瓦大学医学系为满足教学需要，建立起一批欧洲历史上最古老的药用植物园——比萨植物园（1544）、帕多瓦植物园（1545）、佛罗伦萨植物园（1545）等等。这些传统的意大利药用植物园建设浪潮影响了西班牙和欧洲北部城市，那里也兴建起十分相似的花园，如荷兰的莱顿植物园（1587）、德国的莱比锡植物园（1580）、英国的牛津大学植物园（1621）、苏格兰的爱丁堡皇家植物园（1670）、丹麦的哥本哈根大学植物园（1600）等。

从16世纪中期到17世纪，东欧和亚洲的植物被引入一些西欧的主要园林，植物学专家也开始对这些外来新品种进行深入的科学研究，植物园科学职能的逐步增强，植物学也逐渐证明了其独立于医学学科的重要地位。从17世纪到18世纪初期，植物园开始受到社会公众的广泛重视和认可：巴黎植物园以数目庞大的新植物品种吸引了大量的市民涌入参观；英国切尔西药材园引入了大量的来自世界各地的植物品种，被誉为“药剂师协会的后花园”，并成为当时世界上植物品种最丰富的植物园。

18世纪后迎来了植物园发展的黄金时期，随着大航海时代海上贸易的迅速发展，越来越多的植物品种作为战利品从遥远的国度被带回欧洲大陆，这些植物主要陈列于富人的私人屋苑、商业幼儿园以及公共的植物园内。包括邱园在内的许多植物园开始广泛使用温室进行植物栽植和保存。而后来欧洲和北美的工业革命大浪潮的掀起迅速推动了建筑技术的革新，建造工艺逐步细致完善，植物园开始运用温室和玻璃暖房保证不耐寒植物的安全过冬等。18 世纪是欧洲历史发展的伟大时代，英国等帝国主义国家通过思想、知识、经济制度、政治以及商品贸易等手段，对世界文明的发展和进步产生了空前的推动作用。此间英国从北美地区引进了许多木本植物，园艺的受欢迎程度也大大增加。直到现在，邱园都被作为植物园建设及植物学科研教育等方面的理想典范。除了植物园的建设，植物分类学的基础理论研究也迅速发展起来。

从 18 世纪末到 19 世纪初，在英国与荷兰对印度、东南亚、加勒比海等热带地区的殖民扩张中，植物园成了殖民扩张的一个重要工具，从而也形成了最后一个大规模植物引种的时代。大量殖民区的植物园在经济作物的引进和传播上发挥着极其重要的作用，尤其是药品和食品的引进，对殖民地区的经济发展产生了深远影响。例如新加坡植物园曾成功地引进和培植原产于巴西的三叶橡胶树，从而改变了东南亚经济，使马来西亚、印度尼西亚等国成为主要的橡胶生产地；柚木和茶叶被引入印度，后成为支撑印度国民经济命脉的重要经济作物。

在北美地区，美国的第一个植物园巴特拉姆花园（Bartram’s Garden）于 1730 年在费城建立，同年在费城也建立了林奈植物园。美国政府也积极推动着植物园的发展，大量的植物园在 18 世纪兴建。1859 年，密苏里植物园在圣路易斯建立，同时期，世界各地尤其是欧美国家地区纷纷涌现出大量广受欢迎的植物园，包括长木公园（1798）、阿诺德树木园（1872）、纽约植物园（1891）、布鲁克林植物园（1910）、国际和平花园（1932）、仙童热带植物园（1938）等。

在亚洲地区，俄国成为当时拥有世界上最多的植物园的国家，联邦境内的每一个共和国都有一个主要的花园，每个花园都有许多附属的卫星花园。其中比较著名的包括圣地亚哥植物园、巴统植物园、莫斯科科学院植物园等。俄罗斯植物园在雕像、景亭、室外音乐台、纪念碑以及茶室等建筑结构小品方面尤为突出。

从19世纪到20世纪，大量的城市和市政植物园开始涌现。这些植物园虽然在科学基础设施方面没有重大革新，但在园艺学方面却创新性地实施了新的政策－倡导世界上的植物园之间开展植物物种整合以及种子交换计划。此外，植物保护和历史景观遗产保护方面得到了重视，植物学专家开始注重本土植物的保护，部分植物园专门开辟了供收集和展示本土植物使用的专类园地。20世纪70年代，园林建设的焦点逐渐集中在植物保护的议题上。1987年，国际自然保护联盟（IUCN）下建立了一个植物园保护秘书处（BGCS），旨在协调世界各地的植物保护工作，并且建立起珍稀濒危植物物种的数据库。1991年以后，BGCS从IUCN组织独立出来，改名为植物园保护联盟，以保护全球的植物多样性为己任，也是三大国际环保组织之一。

经过400多年的发展，截至2015年，根据BGCI统计，世界上共有超过2500个植物园和树木园，分布在全球的148个国家和地区，它们集中收集和展示了超过400万个活植物品种。

（二）外国植物园发展建设的特点

外国植物园的建设起步较早，发展迅速，目前已经具备了较为完善的体系。尤其是在科学技术和科学理念较先进的欧美国家，涌现了大量的植物园典范，如英国皇家植物园邱园、美国密苏里植物园、澳大利亚墨尔本皇家植物园、柏林大莱植物园等等。它们拥有丰富的植物物种、科学的管理制度、创造性的植物分区规划、实力雄厚的科研机构以及充足的建设发展资金，不仅在植物学研究上取得了丰硕的成果，还开始呼吁人们肩负起生态环境保护和濒危物种保护的社会责任，在植物园建设营造过程中充分落实生态可持续理念。同时，它们也是广受公众欢迎与喜爱的公共开放绿地。外国植物园发展建设的特点可具体表现在以下几方面：

1. 极为丰富的植物种植资源

植物的收集、保存和展示是一个优秀、先进的植物园所应具备的基础性因素。纵观外国先进植物园实践，这些优秀植物园典范均以数量庞大、种类丰富的植物种质资源作为主要特色之一。如英国皇家植物园邱园自1759年建园以来以植物物种收集为首要任务，经过两百多年的发展，园内拥有世界上已知植物的1/8、将近5万种植物，收藏种类之丰，堪称世界之最。丰富的植物物种资源是进行植物保护和利用等相关科研工作的根本所在，同时是植物园科普科教、游憩娱乐等其他职能的物质基础。

2. 先进的科研水平和管理体系

科学研究是植物园持续发展的最根本动力。西方国家的植物园科研机构完善，许多植物园内都设有专属科研部门，或在园内设植物研究所，并拥有一大批科研素质极高的专业人员从事相关研究工作。此外，各植物园还能在科学研究上形成各自的优势。如柏林大莱植物园以植物地理学的研究闻名于世，美国的阿诺德树木园研究以植物分类学著称，英国的爱丁堡皇家植物园主要从事杜鹃花及松柏类植物的分类、杂交繁殖及地理分布等研究，堪培拉国家植物园主要是专门研究澳大利亚乡土濒危植物的栽培与繁殖等。近年来，随着互联网的迅速发展，世界上一些先进的植物园开始充分利用互联网进行高效而广泛的植物相关数据记载和信息交换，为各国植物园科研机构的交流与合作搭建起更加科学和先进的平台。

3. 独出心裁的主题特色

外国的多数优秀植物园案例从宏观的建园理念、指导思想到具体的园区规划布局、植物展示、景观营造、活动设置等方面都特别注重突出自身的特色，不仅展现植物园区别于城市公园绿地系统其他组分的科学本质，还注重通过挖掘所在国家或区域的地域性自然特征或文化精髓来雕刻和塑造自身的独特风格。成熟的现代景观设计手法也使植物园的景观风貌变得更加丰富多彩、别具一格，满足快速发展的时代特征及人们的审美需求，植物园因而具备了持续旺盛的活力。

4. 创新的游憩活动内容

世界各地的许多植物园都在内容设置上进行积极创新，通过开展各类主题活动，增强植物园的游憩功能，使植物园成为市民、游客、城市与社区在休闲、娱乐、学习、科普、交往和享受自然生态的场所，更好地发挥植物园对公众、城市和社会的服务作用。在植物园游憩活动的设置上，通常会将游客划分为不同类型，有针对性地进行特色活动规划。常见的类型包括亲子类、儿童类、师生类、成人类，对于儿童，通常还会按照不同年龄段进一步细分。

5. 多元化的科普教育形式

外国植物园将科普教育与丰富多元的游憩活动相融合，通过科普展览、科学知识讲座、园艺培训、户外实践等种类纷呈的活动，尤其注重活动的创新性与互动性，充分实现寓教于乐。此外，外国植物园还紧跟时代与科技发展的步伐，通过互联网平台进行广泛的科普宣传，建立内容丰富、信息更新及时、各项服务完善的官方网站系统。

6. 科学前沿的发展新理念

近年来，许多外国植物园针对生态多样性保护与可持续发展，在园区建设中进行了广泛而深入的实践。越来越多的植物园建立起珍稀濒危物种保护区和本土植物物种保护区。在园区景观营造上，植物园将科学前沿的工程技术理念和方法融入优美的景观环境营造，如生态修复技术、雨水净化技术、遥感技术、Gis 空间分析技术等。不仅深入展现了植物园的科学本质，还增加了游憩和科普内容的层次与深度。

二、中国植物园发展简史和问题分析

（一）中国植物园的发展简史概述

在中国，“植物”一词最早起源于《周礼・地官・大司徒》，历史相当久远。而“植物园”一词的出现则较晚，直到清末的外交官郭篙寿在对英国皇家植物园的游历记录中才将植物园音译为“罗亚尔九夏尔敦”。后在抄录日本《官员鉴》一书时，开始使用“小石川植物园”的字样。因此，中文里“植物园”一词是由早期的日文移译而来的。

我国植物园的发展历史非常久远，纵观中华文明的发展历程，植物园的历史可从以下三个方面追溯：

首先，我国是栽培植物的发源地之一。植物园的植物栽培离不开大量的引种驯化。早在原始时代，人们刀耕火种，勉强果腹，为了繁衍生息，人们渐渐发展出原始的农业栽培和植物驯化。因而我国植物的引种驯化在一定意义上是随着农业的发展应运而生的。在对植物引归栽培的同时，古代的农学家通过对民间农业生产技术的考察和研究，还归纳提炼出许多宝贵的实践经验。如北魏著名农学家贾思勰在其综合性农学著作《齐民要术》中，就对植物引种栽培的环境适应性问题提出了“风土论”，认为植物的引种驯化要综合考虑土壤和气候因素，提出“顺天时、量地利”，强调要遵从事物发展规律，以及在新环境中的植物引种栽培需要经过逐渐风土驯化的过程。

其次，我国的医药学研究已有几千年的悠久历史。早在殷商时期，甲骨文中就出现了60余种关于动植物的记载。到了春秋战国时期，民间也开始经营各类园圃，其中食用和药用的植物是栽培的主要对象。在东汉时期历史学家班固编纂的《汉书》中，第一次出现了“本草”一词。中药学现存最早的经典著作《神农草本经》中记录了365种药物，并且有意识地对搜集的药物进行了分门别类。我国医药学在明代达到了最鼎盛时期，明朝伟大的医药学家李时珍编写的《本草纲目》集我国16世纪之前的药学成就之大成，书中收录的药用植物多达881种，并且对药用植物提出了较为科学的分类方法。清代吴其浚撰写的《植物名实图考》一书中记载了1714种植物，较《本草纲目》多收录了620种植物，并且对于植物的形态特征做了准确翔实的图文记录，其精确程度可以用于植物科或目的辨别，此书对于从本草界到植物学的过渡有着重大的意义，被认为是我国19世纪的植物志。

第三，我国植物园的发展与我国古典园林的发展兴盛密不可分。自原始社会，先民因生存需要开始在房前屋后及村落附近种植蔬果，形成了果园和蔬圃。殷、周时代，出现为王室狩猎而建的囿。为便于禽兽的生息和活动，开始在囿内广植树木，经营果蔬。随着城市商品经济的发展，春秋战国时期，民间的园圃经营逐渐兴起，植物栽培技术逐渐提高，栽培品种也开始变得多样化。人们对于花草树木愈来愈侧重于观赏的用意，除了用于市场交易的经济，开始出现供观赏为主的植物栽培。汉代的上林苑是当今我国学者公认的植物园的发展雏形之一。据记载，西汉时期的上林苑地域辽阔，地形复杂，除了极为丰富的天然植被，还人工栽植了大量的经济林和用材林，这些林木同时也具有极佳的观赏价值。根据《史记·司马相如传》《西京杂记》等文献记载，当时上林苑内由群臣进贡的异地树种有3000余种之多，规模宏大，物种齐全，俨然一个特大型的植物园。参考经古文献考释出的植物种类，其中包含大量的典型亚热带植物品种，表明当时存在主动引进外来植物物种的现象，是我国早期较大规模的植物引种。此外，据史书记载，上林苑中已有颇多药、食两用植物，植物除观赏性外的使用价值被进一步挖掘利用。

魏晋南北朝时期，药用植物园的雏形——药圃和药园开始在在皇家园林和民间出现，药物植物的栽培开始迅速发展，直到隋唐盛世年代，药用植物的发展也达到了最兴盛的时期。这个时期除了药圃和药园，还出现了药院、药栏、药畦等形式。在唐高祖时期，长安城内建立起占地达300亩的国家药园，园内收集药材种类之丰富、数量之庞大，令人叹为观止。宋代是我国古典园林进入成熟时期的第一阶段，士人园林发展到鼎盛时期。司马光在其著作《独乐园记》中描述的独乐园运用了丰富的植物进行园林造景，园中有“采药圃”一区，圃内种植了大量的竹林，通过对竹子的搭接处理，形成拱形的步廊空间，并以藤本药草植物攀援其上。采药圃南部则是以芍药、牡丹以及其他种类花卉构成的类似现代专类植物园的区域。

除了上述提及的“上林苑”和“独乐园”，在我国古典园林的发展长河中还出现了一些其他类型的植物园雏形，多以园圃的形式出现。如明代时期酷爱医药的周定王朱橚就在开封附近开辟了一个圃，在此做专门的植物观察和实验研究。再如清代的吴其浚在其私家庭院中种植大量的野生植物，还创新性地建立了“霞坞”作为植物栽培的温室。在其著作《植物名实图考》中，收集记录了800余种植物种类并分成10余种门类。此书被认为是研究植物学和生药学的重要文献，标志着植物学脱离子对本草学的附庸，开始走上独立的科学研究阶段。

到了近代，真正符合科学定义的植物园才在我国出现。我国近代植物园的兴建始于20世纪初。中华人民共和国成立之前，我国只有8座植物园。中华人民共和国成立后，在中国科学院的倡导下，才开始恢复并新建植物园36处。改革开放以后，我国植物园的建设蓬勃发展，截至2015年末，我国已建成植物园近200座，分别隶属于园林城建、林业、农业、医药、科研和教育等部门，以研究观赏植物、药用植物、为教学服务或综合研究为主，还有专门收集特殊植物的植物园，如沙漠植物园、石山树木园、耐盐植物园等，它们都致力于经济植物的引种驯化和推广应用，为当地国民经济发展做贡献。其中较著名的植物园包括北京植物园、上海植物园、杭州植物园、南京中山植物园、庐山植物园、华南植物园、厦门植物园、深圳仙湖植物园、昆明植物园、西双版纳热带植物园等等。

(二) 中国植物园发展建设的现状问题

我国植物园由于发展起步较晚。虽然近几十年来在植物园建设上已经取得了相当显著的发展和成就，但由于社会经济发展水平等各方面条件因素制约，相对于国外一些发达国家的植物园发展状况而言，现今我国植物园整体的发展状况中仍存在诸多不容忽视的问题。

1. 植物种质资源收集较为匮乏

中国是世界上植物种类非常丰富的国家之一，其中苔藓、蕨类植物、种子植物分占世界已知种类的(苔藓未统计确数)、22%、36.7%，居世界第三位；裸子植物总数占26.7%，位列世界第一位，被誉为“裸子植物的故乡”；被子植物占总数的10%，位居前列。然而，目前我国植物园收集展示的植物种类却非常有限，即使是北京植物园、华南植物园、西双版纳热带植物这类由国家财政支持建设的大型综合性植物园，园内收集的植物种类数量也不过1万余种。而国外植物园，如英国邱园、美国密苏里植物园等，收集植物数量多达5万余种，我国植物园在植物种质资源的收集和储备上与国外相去甚远。此外，我国植物园在乡土植物物种和珍稀濒危植物物种的收集保护工作上也没有给予足够的重视。加大植物收集工作力度，推进乡土植物物种和珍稀濒危植物物种保护基地建设，是我国植物园建设的当务之急。

2. 科研实力水平整体偏弱

植物园应具备实力雄厚的多学科研究队伍、现代化的实验室及试验基地。我国植物园中除了一些大型植物园的科研资源和基础设备较为完善，大多数植物园在科研方面存在诸多问题，包括基础性研究经费不足、科研机构管理系统不完善、科研技术人员不足、现有科研人员综合素质水平不高且缺乏科学的培训等等。

3. 科普活动缺乏创新性与互动性

目前，我国植物园内科普活动主要包括以下几大类型：以应季花卉观赏为主题的各项节事活动、室内场馆举办的各类科普展览、科普讲座、园艺实践培训等等。由此可见，我国的科普活动着重于植物观赏性价值的体现，科普活动形式显得单一；各类科普讲座等活动模式传统而陈旧，缺乏现代科技和媒体的参与，人们与自然环境之间缺少积极地交流和互动；科普活动与园区景观之间没有充分地渗透与融合，科普活动的互动体验性较差，无法充分调动人们参与科普活动的主观能动性。

4. 景观设计缺乏吸引力与感染力

我国大部分植物园建于建国初期，受到科学技术、景观设计水平等方面因素的制约，景观面貌在总体上没有形成鲜明的特色和独特的风格，景观效果的丰富性与多样性不足。加上后期更新维护工作欠缺，植物园景观设计在审美情趣、工程技术等方面逐渐滞后于快速前进的经济步伐。大多数植物园在建设中对所在地区地域性特征的挖掘显然不够深入，却对国外优秀植物园一味地模仿和复制，使植物园景观或出现千篇一律的雷同，或出现不伦不类的“异域风情”，许多植物园成为丧失了内在精神与灵魂的植物展示空间。缺乏吸引力与感染力的景观空间也影响了游客的观赏体验，给植物园游憩休闲活动和科普教育活动的开展造成很大的局限性。

5. 前沿科学理念的滞后

受到我国社会经济发展状况和科技发展水平等方面的制约，在一些先进的前沿性植物园相关建设理念的传达和落实上，我国仍存在较明显的信息滞后性。如在植物分类系统上仍采取在科学性上存在明显局限性的恩格勒系统、哈钦松系统等以形态分类学为基础的传统植物分类系统，而对尖端分子物理学的产物 –APG 分类系统鲜有涉足和研究；在植物园的建园理念中，较少关注国际社会上所呼吁的生态主义理念，在实际建造施工中也未能得到全面、切实的贯彻等等。

6. 建设及维护经费不足

我国植物园的建设经营及后期维护运转主要是依靠政府拨款，但在实际运营过程中往往存在资金匮乏的问题，严重影响了植物园科研工作的深入、科研机构的完善、科研人才的引进、园区景观的建设以及相关科普活动的开展等。后期完善和维护经费不足也使植物园在各方面的发展和更新遭遇巨大的桎梏。

第二节 中国植物园规划建设的基本策略概述和问题分析

一、中国植物园规划建设的基本策略概述

自建国以来，我国植物园经历了几十年的建设发展积累了大量的理论和实践经验。

(一) 基本建园理念和指导原则

1. 基本建园理念

植物园的建园理念对植物园在规划营建中所体现的主题思想、科学内涵、园林风貌、文化精神、发展方向等方面都具有重要的指导性作用。植物园的建园理念贯彻到植物园建设的方方面面，通过外在的自然景观和内在的科学本质将植物园塑造成一个有机的整体。

植物园建园理念的发展总是伴随着人类经济社会的发展而与时俱进的。建国初期，我国植物园多以植物物种收集和引种驯化为主要任务，建园资源主要集中在苗圃、植物标本园、经济作物实验区的建设，忽略了植物园的园林景观建设以及在科普教育、游憩娱乐等方面的职能；上世纪50年代，陈封怀教授从国内外植物园建设经验中汲取了丰富的经验，提出“科学的内容、美丽的外貌”的建园理念，后来又进一步完善提出了“科学的内涵、艺术的外貌、文化的展示”的建园理念；在世纪之交，中国科学院提出植物园要重视“植物种质资源尤其濒危植物保护”，要把“国家战略性资源植物的迁地保护网络基地”纳入植物园建设，提出了“科学植物园”的概念，要求把植物园建成“生命科学创新研究和知识传播支撑平台”；在西双版纳植物园的建设实践中，许再富提出了“多样的植物种类并具科学的职务管理系统、丰富的科学内涵并具特色的植物专类园区、显著的地方特色并具传统的民族文化特征”的“四面八方”的“科学植物园”建园理念，在我国植物园发展史上具有深远的影响；近年来，在陈封怀教授建园理念的基础上，我国的植物园专家结合植物科学的发展、经济社会的需求以及植物园功能的演变与时俱进地提出了植物园要有“科学的内容、艺术的外貌、文化的展示”，

开始强调体现人与自然和谐共存的关系。

植物园的建园理念全面发展、不断更新完善，不仅注重通过推进植物物种收集、保存和相关科研研究来保证植物园的基本科学属性，更加注重通过合理的规划和精心的设计形成优美的园林景观，并在其中注入传统文化的展示来赋予植物园以内在的精神和灵魂。

2. 基本指导原则

植物园规划建设的基本指导原则是以植物园在不同时期的定义及功能为基础而设定的、在宏观层面上提出的对植物园规划建设具有指导性意义的理论和经验依据。植物园作为城市公园绿地系统的一部分，其规划原则必须符合城市公园所应具备的基本属性和内容，也要强调植物园区别于城市公园绿地系统中其他形式公园绿地的特殊之处。

我中国植物园在规划建设中所遵循的基本指导原则可总结为以下几方面：

（1）科学性原则

科学性是植物园与生俱来的基本属性，也是植物园建设规划的最根本原则。植物园的科学性首先体现在通过科学的方式进行广泛的植物物种收集展示和相关科学研究工作，其次植物园还要承担向公众进行相关的科普教育职能。

（2）功能性原则

植物园集科学属性、社会属性及艺术属性于一体，具有复合型的功能。首先，植物园要以植物收集展示以及科学研究作为其首要的、基本的职能，尤其强调对于生物多样性的保护作用；其次，植物园具有向公众进行科学普及和科学教育的功能；第三，作为城市公园绿地系统中的重要部分，植物园的规划设计中还要考虑公共园林的基本功能，满足公众在游憩娱乐、生活休闲、防灾避险等方面的功能需求。

（3）艺术性原则

植物园的规划建设不仅仅是模仿大自然进行简单的植物展示，作为一种特殊的园林形式，植物园的景观设计中要通过艺术化的设计方法赋予其园林化的优美外观，并且注重将科学的植物群落景观展示以景观化的形式展现。景色优美的植物园不仅可以增强自身吸引力，充分满足游客的游憩需求和审美体验，还能在景观塑造中形成自己独有的个性化精神和特色化风格。

(4) 社会性原则

作为一个开放性的公共绿地场所，在设计中还要尤其注重人文关怀和社会公平的表达，充分考虑儿童、老人、残障人士等弱势群体的特殊需求，建立起一个为所有人服务的植物园，促进社会和谐与公平正义。近年来，随着我国景观设计对人性化需求的逐渐重视，苏州植物园、南京植物园、上海辰山植物园等已经在园内建立盲人植物园的基础选址工作。

(二) 基础选址概况和选址依据

选址是风景园林规划过程的首要环节，是关键性的科学决策方法。明代造园家计成在其著作《园冶》的开篇绪论中就曾提到园林中相地选址之重要性，认为相地立基是造园之先要，选址最关键在于“合宜”。植物园的选址是植物园规划建设前期的基础性工作，对植物园的设计规划理念、综合布局、物种选择、游憩内容安排等方面都起着至关重要的作用。植物园功能作用的发挥，不仅取决于植物园本身科学合理的规划布局，还与植物园基址的自然地理、人文历史条件等息息相关。

纵观我国近代以来的植物园建设历程，在选址中一定程度受到了古典园林相地选址的影响。我国古代园林在选址造园时往往要对选址目标进行严谨地勘察和研究，充分考虑其地理区位、地貌条件、林木植被及周边区域景观等诸多要素。而作为以植物收集展示和科学研究为基本职能的植物园，在选址时要满足植物能够良好生长的条件，同时也要保证基地环境能满足科研工作的需求。因此，我国早期植物园的选址大多倾向于植物物种丰富、生态环境优美、地质水文条件优越的地带。

北京植物园始建于1956年，全园面积达400公顷，是以植物收集展示、物种资源保存为主，集科学研究、科普教育、游憩休闲、植物种质资源保护和新优植物开发为一体的综合型植物园。北京植物园位于北京市西北郊，地处北京五环路之外，并位于景色怡人的香山公园和玉泉山之间，坐落在寿安山南麓，西山脚下，距离市中心约23公里。始建于1929年的南京中山植物园位于南京市玄武区钟山风景名胜区内，占地面积186公顷，是我国第一座国立植物园，也是金陵四十八景之一。中山植物园地理环境优越，背倚气势雄伟、苍翠巍峨且有江南四大名山之称的紫金山，面临碧波荡漾、波光潋滟的前湖，傍依蜿蜒的明城墙古迹，遥望庄严简谱的中山陵，自然人文条件极佳，融山、水、城、林于一体，可谓秀色天成。庐山植物园是一座亚热带山地植物园，位于江西省九江市庐山东南角的东谷大月山和含都岭之间，占地面积达300公顷，海拔1000—1300米。庐山植物园周边自然风景秀丽，群山环绕，层峦叠嶂，其地势绵延起伏，崖壑峥嵘，具有极佳的自然山水架构。华南植物园筹建于1956年，全园占地面积315公顷，位于广州市东北郊区龙眼洞火炉山下，是我国历史最悠久、植物种类最多、面积最大的南亚热带植物园，植物园距广州市市中心约10公里。

纵观我国近代传统植物园的选址情况，可对其选址因素及特征总结概括为自然地理因素和社会人文因素两方面。

1. 自然地理因素

（1）丰富的地形地貌条件

地形地貌的多样性有利于营造不同类型的生态环境，从而为植物提供多样化的生长环境。不同的海拔、坡向和坡度形成了多种气温、光照和雨水条件，这都影响着植物的生长、分布以及形态特征。在现代园林设计中，通过人为模拟自然地形的高低起伏制造的微地形可营造丰富的景观层次，并使局部小气候得到改善。因此在植物园园址的选择中，丰富多变的地形地貌为植物园后期的设计营造提供了先天的优势条件。

（2）适宜的气候环境

气候条件中影响植物生长的因素主要包括温度、湿度和日照等。植物所在区域的气候条件对植物园中植物栽植的类型选择及其生长状态有基础性的影响。气候的急剧变化会形成灾难性的极端天气，使植物的生长环境遭受巨大的破坏性影响。因此植物园多选址于本区域内具有代表性的、适应本土植物生长的、相对稳定的气候区域。

（3）优良的土壤条件

土壤是陆生植物生长的基质，是营养与水分的来源，也是生态系统中进行物质与能量交换的重要场所。不同种类的植物对于土壤条件的要求各不相同，植物园应结合设计理念、主要栽植物种以及园址内土质现状进行综合考察，因地制宜地选择适合大多数植物生长的土壤环境。同时基于植物园植物景观多样性营造的考虑，着重关注一些较为特殊植物物种所需要的土壤条件，如旱生植物、盐生植物等等，以保证在植物园土壤改良工程的经济性与合理性。

(4) 充足而健康的水源

水是植物生长不可或缺的生存因素，植物园中植物的健康生长和相关基础设施的持续运营都需要充沛的水资源供应。在对水利条件的勘测和考察中，尤其注意满足旱季的植物用水量，山地地区则要充分考虑夏季暴雨可能带来的洪水威胁，提前规划应对策略。在植物园的造景中，水体景观是营造丰富景观层次的关键所在，不仅要考虑园址内部水源条件，还要基于城市的尺度结合周边的河湖水系进行全方位的考量。此外，水质也会影响植物的施肥和病虫害防治，因此也需要对其进行充分的试验检测。

2. 社会人文因素

(1) 便捷的交通条件

随着公众游憩需求的日益增长，植物园开始承担城市公共绿地空间的职能，因此植物园的选址需充分考虑具备较好的可达性。现今公路建设发展迅速，私有车辆逐渐普及，公众出行愈加便利。植物园倾向于建在距离城市中心较远郊区地带，并且保证植物园周边交通路网体系的完整和畅通。此外，不同类型的植物园的园址选择各有侧重处，如以科学研究和物种保护为主的植物园基于生态保护需要多设于远郊；教育系统、城市园林系统和生产系统的附属植物园，则要根据其所属机构及主要服务对象等因素综合考虑。

(2) 完备的市政基础设施

植物园的日常运营除了利用大自然赋予的天然资源，还需要依赖市政工程设施所供应的充足能源，主要包括排水设施、照明设施、电信设施、垃圾处理设施等。只有具备完善的市政基础设施，才能满足植物园科研生产、游憩娱乐等工作及活动的需要。

(3) 遵循城市区域的宏观规划

植物园的规划建设应以批准的城市总体规划和绿地系统规划为依据，确保其面积和范围符合规划要求。植物园规划建设的理念也应结合城市及区域的长远发展规划进行调整和完善。

(4) 对周边城市建设环境的趋利避害

除了基本的自然地理条件，植物园的建设发展受到周边区域各种性质用地的影响，要以长远的视角综合考量目标园址周边的城市建设环境。首先要合理规避现存或潜在的风险，如园址应尽量远离工业生产区域，选择城市活水的上游及主要风向的上风向，从而避免工业生产带来的空气和水资源污染；其次要充分利用优势条件，如毗邻高校区域，丰富的教育资源和良好的学术环境有利于植物园科普科教活动的开展。

(5) 展示地域性文化资源

植物园的规划建设应避免千篇一律、千园一面的现象，因此从设计初始要充分考虑地域性特色的塑造。其中对地域文化资源的利用和展示是突出植物园特色的重要途径，鲜明的地域文化也能对植物园的主题理念设计起到指导性的作用。

(三) 展示区规划建设

1. 理论基础——植物分类系统应用研究

植物园的最根本属性是其科学性。在植物园规划建设过程中，这一基本特性主要体现在基于科学的植物分类学基础所进行的植物展示园区规划布局。植物园在规划布局中选择合适的植物分类系统，将形形色色的植物按照进化体系进行规划布置，从而科学地展现植物由低级向高级进化演进的过程。

在我国的植物园规划设计中，裸子植物的分类展示通常选用郑万钧分类系统；被子植物的分类系统研究较丰富，其中恩格勒系统、哈钦松系统和克朗奎斯特系统的科学价值较高，在我国的植物园建设中得到广泛的应用。因裸子植物产生发展的历史悠久，尚存种类数量较为稀少，科属差异较大，亲缘关系的研究难度很高，因而在植物园规划建设中通常以被子植物作为主要研究对象。基于上述缘由，本文在此主要针对被子植物的几种常用分类系统的基本学说内容进行研究。

(1) 第一个较为完整的自然分类系统——恩格勒系统

德国植物学家恩格勒和勃兰特于1892年发表的《植物自然分科志》中提出了恩格勒系统，这是分类学历史上第一个较为完整的自然分类系统，也是我国早期建设年代的传统植物园主要采用的分类系统。恩格勒系统提出的“假花说”认为，被子植物的花是由裸子植物的单性孢子叶球演化而成的，被子植物从本质上看是一个演化了的花序，进而又将被子植物门分为单子叶植物纲和双子叶植物纲，将双子叶植物纲又分为原始花被亚纲和合瓣花亚纲。恩格勒系统将单子叶植物置于双子叶植物之前，认为柔黄花序类植物是双子叶植物的最原始类群，而把木兰目、毛莨目归为较为进化的类群，此观点以植物形态性状作为主要分类依据，具有一定的主观性，为许多现代的植物分类学家所质疑。该系统几经修订后，已把双子叶植物在系统中的位置调整至单子叶植物之前。

(2) 以“真花说”更正革新理论——哈钦松系统

哈钦松系统是由英国植物学家哈钦松（J. Hutchinson）提出的。该系统的最大贡献之处在于“真花说”的提出，这一学说更正了恩格勒系统中的一些错误观点，对系统位置的编排也独具价值。哈钦松认为被子植物中的木兰目、毛莨目是最原始的类群，无花瓣植物皆由有花瓣植物演化而来。因此将被子植物作为植物类群演化的始祖和起点。其中的木兰目和毛莨目又分别演化出木本植物和草本植物，木本群和草本群共同构成了双子叶植物。

由于哈钦松系统坚持木本和草本作为双子叶植物的第一级区分，导致了许多亲缘关系相近的同科植物被远远分隔的问题，这一缺陷导致此哈钦松系统未能得到国际学界的广泛认同。但哈钦松系统在我国早期的植物学界中应用较为广泛，哈钦松系统中对于草本群、木本群的分类方法对于植物的实践认知具有很大的实用性。

(3) 综合多学科和新科技不断完善的系统——克朗奎斯特系统

克朗奎斯特系统是由美国植物学家阿瑟·约翰·克朗奎斯特提出的。该系统充分认可哈钦松系统的真花学说观点，并基本沿用了苏联学者塔赫他间的塔赫他间系统的基本结构框架，将被子植物分为木兰纲和百合纲两大分支，同时对系统阶层进行了进一步简化，取消了“超目”一级分类单元，同时减少了科的划分数量，整个系统更加完善，也更加有利于科教科普的使用。克朗奎斯特系统在修订完善的过程中综合考虑多学科的最新科技成果，对类群关系和系统位置的安排更加科学合理。因而在很长时间内，克朗奎斯特系统成为最受欢迎、应用最广的植物分类系统。

克朗奎斯特系统虽在参考依据上有了进步和完善，但仍然坚持运用传统的形态分类鉴定法，此法在属、种这样的小尺度上尚可保证科学性，但在科、目这一大尺度上，形态特征的主观因素被逐级放大，无法得到科学信服的结果。随着新科技的日新月异，以分子生物学为基础的 APG III 系统具有更强的科学性和更大的认可程度。

(4) 基于现代分子进化生物学的新曙光——APG III 系统

APG III 系统是被子植物种系发生学组继 1998 年 APG 分类法以及 2003 年 APG II 分类法之后修订完善的最新被子植物分类系统。APG 分类系统将无油樟目、睡莲目和木兰藤目作为被子植物的基底旁系群，将木兰类植物、单子叶植物和双子叶植物作为被子植物的核心类群，其中木兰类和真双子叶植物的旁系群分别为金粟兰目和金鱼藻目；在单子叶植物中，鸭拓草类植物成为其核心类群，而蔷薇类和菊类则成为核心真双子叶植物的两大最主要分支。

APG III 系统是依靠当代系统进化生物学最前沿的科研成果所建立的被子植物分类系统，大量应用了分子生物学原理的最新成果，运用多基因甚至整个基因组序进行构树，与之前主观性较强的形成了分类相比，在客观性上有着本质的飞跃，迅速推动了分类系统学的大跨步。因而目前世界上的植物学家更加倾向于采纳 APG III 分类系统。该系统理清了被子植物中绝大部分类群的关系，只有若干科属地位尚未确定，该系统还有新的完善和改进的空间。APG III 系统创新性地对系统进化体系进行了更加科学的重组定位，使植物园的科学内涵得到进一步保证。

2. 实践规划——植物园展示区的分类规划建设

植物园在进行展示分区规划时，要遵循植物园规划建设的基本原则，其中最基本的是植物园科学性原则的体现，其次是通过园林式的外貌体现其功能性和艺术性。我国植物园基于功能和性质通常将用地划分为三大主要类型，包括科研实验用地区、科普游憩展示区以及生活生产服务区。根据本地块性质及具体内容，每种区块类型在内部再进行进一步的合理划分。

植物园的科研实验用地是体现植物园科学性的最基础、最关键的部分，用地主要分为科研建筑和植物实验基地，包括标本楼、实验楼、科研办公楼、图书馆以及试验基地、苗圃等等。为保证科学研究工作的顺利进行，此分区通常设立在植物园的一隅，大多数不对公众开放：植物园的生活生产服务区主要为其他两个区块内的基础设施提供各类后勤管理服务，其功能主要包括后勤服务中心、人事教育处、财务管理处、科技外事处等；科普游憩展示区是植物园最核心的部分，在植物园总面积中占据相当大的比重，植物园规划设计理念也在这一分区集中表达和展示，是规划设计的重中之重，本区域规划主要包含植物园的科普教育和游憩娱乐等相关内容。

在科普游憩展示区内，主要通过以下几种分类方式进行植物物种的规划展示：

(1) 以植物分类学系统及进化系统为主要分类依据

迄今为止，为植物园分类规划所广泛运用的较为权威的几大植物分类系统包括：恩格勒系统、哈钦松系统、克朗奎斯特系统和APG分类系统。在实际的规划展示中，多以植物分类展示区的形式体现，有时也称为分类园、系统园或系统进化园等等。在分类区中，植物配置基于特定的分类系统展示了从低级到高级的进化演变过程。通常在一级分类区内再以“科”或“属”为单元进一步划分形成各类二级分类专类园。

我中国在早期建设的传统植物园的多以恩格勒系统和哈钦松系统作为植物展示区的主要分类依据。建于1956年的北京植物园以恩格勒系统对园区内收集1万余种植物进行分类，按照植物进化顺序在园内的露天展区中设置各类植物的专类园，在木兰亚纲、原始花被亚纲、合瓣花被亚纲、五娅果亚纲的分类基础上，进一步分为木兰目、蔷薇目、五娅果目、禾本目等专类园，在其中设置了木兰园、月季园、梅园、桃花园、牡丹园、芍药园、丁香园、海棠园、竹园和宿根花卉园等。

厦门植物园以哈钦松系统作为被子植物的分类依据，在园中划分出裸子植物区、沙生植物区、棕榈植物区、仙人掌区、多肉植物区等分区，在其中设置了松杉园、棕榈园、蔷薇园、苏铁园、南洋杉草坪等专类特色园区。

上海植物园中的被子植物进化区采用了较新的克朗奎斯特系统，将植物总体分为木兰、金缕梅、石竹等11个亚纲，再进一步以“目”为单位细分为9个专类园，包括藻类园、松柏园、玉兰园、牡丹园、蔷薇园、杜鹃园、榕树园、桂花园和竹园等。

此外，华南植物园、昆明植物园的标本馆基于哈钦松分类系统对被子植物进行分类。早期欧美国家的植物园也对这些经典的植物学分类系统进行了广泛的应用，例如柏林大莱植物园是基于恩格勒系统进行植物分类，英国皇家植物园邱园则是以哈钦松系统作为主要植物分类依据。

(2) 以植物地理学为基础将植物按世界地理植物区系分类

通过植物地理学分类方法，人们可以清晰地观察植物和植物群落在地球上多样化的植物种类、植被类型及其生长的自然环境，促进人们了解世界各地的植物类群。在此分类方法下，通常选取各区系富有代表性和趣味性的植物种类进行展示，如澳大利亚的桃金娘科植物、非洲热带雨林中的蔗类植物、北美太平洋沿岸区系的红杉属植物、地中海区系的矢车菊属植物等等。由于各地理区系植物生长栖息地的自然地理环境有较大的差异，因而需要根据各类植物的生长特性和原产地的地质风貌特色，对基址地形做适当调整。

在世界植物园中，以植物地理学为分类基础的最典型案例是德国柏林大莱植物园，全园面积三分之一的部分均是以植物地理学作为植物分区依据，以将植物按原生地进行分区展示，共划分为亚洲、欧洲、非洲、大洋洲、南美洲和北美洲六大洲分区。我国有关植物地理区系分类的植物园数量相对较少。在上海辰山植物园的展览温室中，植物按照植物地理学的方法分为北美洲、欧洲、非洲、大洋洲、亚洲五大洲植物区，在各地理区系分区内，通过地形重塑和乡土植物的引入模拟植物原产地的生态环境，展示了各个大洲在与上海同纬度区域内颇具代表性的珍奇花木。

(3) 按照植物的生境类型进行分区布局

按照生境类型分类的展示园区通常以各主题专类园形式呈现，有利于保证同一生境内植物种类的多样性和植物景观层次的丰富性，各类生态地理环境的特色也更加鲜明。根据植物对水分适应性的不同，可分为水生植物区、旱生植物区、湿生植物区、中生植物区等；根据土壤生态因素的不同，可划分为沙旱生植物区、盐生植物区、岩生植物区等；根据光照和气温条件的不同，可分为阴生植物区、高山植物区等。

(4) 按照某一特定主题进行植物分类展示

以特定主题进行植物类别的划分具有较高的灵活性，通常是将同一种观赏性较好的植物进行多品种的集中展示，常见的如梅园、桃园、牡丹园、竹园等；或是根据植物形态特征或生长习性的某个具有较高的观赏价值的方面进行主题设定，如春花园、秋色园、百花园、百香园等。为强调植物的分类主题，其他景观要素的设计也与之协调呼应。

（四）景观特色营造

1. 植物园的景观布局规划

植物景观特色的营造首先要在在整体布局上对植物园的景观空间和结构序列进行宏观把控，实现场地基址的充分与合理利用，形成多元化的景观空间，为游客提供更加丰富的游憩体验。

植物园的景观布局既反映着植物园各组成要素的分区、结构、地域等整体形态规律，也影响着植物园的有序发展及其外围的环境。在国外的植物园建设初期，主园区为体现应用性和科学性，主要采用规则式的排列进行布置，并不存在严格意义的景观结构。随着园林艺术的发展，今天的植物园逐渐形成了复合型的景观结构，规则式和自然式布局方式逐渐相融。植物园通常以自然式的空间结构控制整体景观效果，而将规则式的布局作为专类景观展示的主要方式运用在各专类园规划中。

我国植物园在总体规划中充分考虑与地域环境的有机契合，依据规划对象的地域分布、空间关系和内在联系进行综合部署，形成合理、完善且具备自身特色的整体布局。在规划中通常遵循以下原则：

（1）正确处理局部、整体、外围三层次的关系；

（2）解决规划对象的特征、作用、空间关系的有机契合问题；

（3）调控布局形态对景区有序发展的影响，为各组成要素、各组成部分能共同发挥作用创造最佳条件。

2. 植物园的地域特征表达

所谓“地域性特色”主要包括自然地理和人文历史两大部分，分别包括气候条件、地形地貌、水文地质、动植物资源以及历史文化、人文风情等。通过城市绿地建设反映地方历史文明、体现自然地域特征，是解决城市特色缺失的一个重要途径。尤其在植物园的规划建设中，地形地貌、生态环境、植物景观的重塑是体现地域性特色的重要途径。与其他类型的公园绿地相比，植物园最大的特色在于其科学的内涵。因此为突显其科学性属性，植物园在地域性特征的营造过程中，在展现历史文脉特色的基础上，应当更加注重自然景观的营造。我国植物园地域性特色塑造的具体方式包括以下两个方面：

(1) 对自然地理的地域性特征营造

从自然地理中提取地域性特征元素的方法可以追溯到中西方园林发展的起源，自然式的中国园林对自然山水进行写实或写意的表达，是对第一自然的模仿；规则式的西方园林强调几何式的构图原则，是对第二自然的模仿，两者以不同的表达方式体现了人类对于纯自然或经过人类的生产生活改造后的自然的模仿。由此可见，从自然中提取地域特征元素的做法从园林诞生伊始就存在了。

自然地理特性可具体从气候条件、地形地貌、水文地质和动植物资源等因素体现。植物园的规划设计从一开始要注重对原场地的地形、地貌、植被等进行充分利用，尽量利用原有的地势条件进行进一步的景观塑造，避免过度的地形改动。同时对于场地中原有的植被要有选择性地给予保存，尤其是一些历史文化价值较高的古树，在后期的规划建设中可通过巧妙的景观设计形成独特的、有历史记忆的主题景点加以利用。这种以低影响、低干扰为建设基本原则的方法，不仅有利于当地的自然地理特色的营造，还能有效地控制土方工程量，节约工程开支。此外还很好地规避了场地水土流失的风险，为后期的植被栽种提供了较好的生态环境条件。

(2) 对人文历史的地域性特征营造

在人文历史方面，地域性内涵可体现在历史文化、传统文化、城市文化以及本地居民独有的行为方式和价值审美等方面。每一个聚集地的地域文化是经历了时间和历史的洗礼长期积累而成的，地域文化可赋予一个植物园以人性的精神和灵魂。尤其是对于本地居民而言，充满地域文化特色的景观可以让人们在游憩时一点一点地拾起记忆中关于这座城市的印象碎片，唤起他们的文化归属感和精神的共鸣。在传统的植物园建设中，在地域性文化的塑造上除了乡土特色植物展示，通常借助名人故居、历史遗迹、民俗传说、文学艺术等塑造浓厚的历史文化氛围。

（五）道路体系与解释体系规划

1. 道路体系规划和游线设计

我国植物园在规划建设中受到我国古典园林规划设计的深刻影响，由于植物园规模较大，植物种类较多，部分植物园基址内生态类型较为复杂，除了主入口道路外，多采用和自然式园林相适应的曲线流线型园路串联起各个植物展区的方式进行布局。植物园的道路体系主要分为主园路、次园路和小路三个等级，在自然条件较为特殊的区域有时还会结合基址内的地形和水文另设登山步道、滨水栈道、草坪游步道等，形成丰富多变的游憩体验。

植物园占地面积通常有上百公顷，有些甚至达到上千公顷，加之部分区域因多变的地势和茂密的植被使游客放慢游览速度，如想无一遗漏地周游全区将耗费大量的时间和精力。一般来讲，面积达65至130公顷的植物园已经使游人感到筋疲力尽了。此外，过于冗长的游线组织使各景点显得散乱而无序，反而无法充分突出各自的鲜明特征。因此合理的游线组织对于植物园的观赏体验是非常重要的，应综合运用丰富多变的园林设计手法，将主要景点串联形成一级游线，再基于不同人群和不同观赏主题分等级设置若干条路线，让游客根据个人的需求灵活地选择游览路线，游线主题通常包括人文历史、生态科普等等。

在北京植物园中，主要游线串联起月季园、丁香园、碧桃园、木兰园等各类植物专类园以及展览温室、科普馆等主要建筑，以游赏观景为主，突出植物园的自然风貌与科学属性；园区东部的游览支线上是大片树木园区、游览湖区、梁曹雪芹纪念馆、启超墓等景点，延长的西北支线上是樱桃沟、卧佛寺、梅园水景观光区和“一二·九”纪念亭，两条游览支线充分展现了丰富的人文历史底蕴。

南京中山植物园的自然小径位于南京中山植物园西北部紫金山南坡，占地约18万平方米，是一个拥有多种生态环境的自然区域。其中有一条自然小径贯穿始终，沿途设置十个驿站停留点，并结合设立了一些必要的休闲和科普设施。游客在此观察特色植物、鸟类和昆虫。这里也是学校师生进行野外科普教育的实践基地，学生在老师和导游的指导下捕捉小昆虫、采集少量动植物标本。“自然小径”游线的特色在保持了高度的自然野趣的同时，以低人工干扰的原则进行适量的景观建设，为公众提供了一个充分接触和感受大自然、在自然环境中开展环境一与生态知识教育的场所。

同时，我国一些植物园还结合某一主题进行园路周边的观赏植物的栽植展示，从而形成新的特色游线。有根据某种植物主题设置的，如樱花大道、银杏大道、特色花境等等；或是根据四季季相组织特定的游赏线路，如春季的赏花路线及秋季的赏秋路线等。

2. 园区解释体系的建立

早期以药草园为主要形式的植物园多附属于高校或医学机构，医药学和植物学专业研究人员是植物园科普科教活动的主要服务对象。随着植物园对公众逐渐开放，向公众进行广泛而深入的科普科教活动成为现代植物园所必须承担的重要职责。现代植物园已形成较为完善的解释体系进行植物相关知识的普及，同时也与道路体系规划相结合而兼具景观游览的导引和解释作用。

在我国植物园解释体系的规划应用中，解释体系主要包括以下六大系统：

(1) 场馆综合解释系统

场馆式综合解释系统包括游客中心、科普展馆、大型温室展馆等在内的大型建筑和设施。该类型解说系统通常会兼具两种以上的解说形式。如游客中心可以为游客提供人工解说咨询、多媒体展示屏、印刷折页、园区全景平面图等。

(2) 标识引导解释系统

标识引导解释系统主要以文字性的形式借助各类具备标识说明性质的景观小品来实现，通常与线性的道路系统相整合，形成线性的表述体系。主要包括全园综合导览地图、各区景点详情说明牌、植物铭牌、方向引导指示牌、科普宣传长廊、安全提示牌、基础设施说明牌以及环保宣传解说牌等。

(3) 景观解释系统

景观解释系统将解释信息融入景观各要素再传达给解释受众，是道路系统、生态系统、植被系统等多系统并行的复合体系，此系统通常具有一定的抽象和意指，其信息传递的方式是非直接性的信息输出，侧重于营造叙事性的景观空间，引导人们在自主的参与和体验获取信息。

(4) 语音解释系统

语音解释系统包括解说员、导游、志愿者、电子语音导游机等。前三者与传统解说系统的向导式解说一致，具有高度的能动性，可以向游客传导动态的、多彩的信息；同时还具备双向沟通的特点，能通过问答等互动方式进行科普宣传、因时、因地、因人而异提供解释服务，但讲解员的专业素质也决定着解释信息的可靠性和准确度。电子语音导游机拥有较大的信息存储量，使用方便，但由于无法双向沟通，无法回答游客提出的各种问题。

(5) 网络数字解释系统

网络数字化解释系统包括植物园网站、电视宣传和植物园出品的纪录片、VCD、DVD、CD、影音片段等。

(6) 印刷制品解释系统

这类解释系统包括植物园出版的导游折页、科普宣传册、相关书籍等，其中旅游折页游客可以随身携带，是重要的自助旅游参考资料。

其中，运用最为广泛的是与道路体系相结合的标识引导解释系统，以及与园区内各建筑设施相结合的场馆综合解释系统。

二、新时期中国植物园规划建设基本策略的问题分析

我国植物园规划建设在建园理念、指导原则、展示区规划、景观特色营造、道路与解释体系规划等方面的基本策略总结，体现出我国植物园建设者在50多年实践和探索中所积累的宝贵经验。但由于受到经济与科技发展水平、社会意识形态等多方面客观条件的限制，在面临新时期的环境给予植物园发展的多重挑战和机遇之时，我国植物园在规划建设的基本策略上应做出与时俱进的调整，本书结合新时期在社会层面和人文层面的特征要求，对基本策略各个方面呈现的问题做出以下分析。

(一) 新时期环境下植物园规划建设原则的发展

在我国植物园建设中，大多数植物园为实现植物收集展示和引种驯化的主要任务，其规划原则以保证植物园的科学性和功能性为主。然而近年来随着社会时代的发展和自然生态环境的变化，生态主义的浪潮开始席卷全球，日益恶化的自然环境和不断深入城市化进程给人居环境造成巨大的破

坏，国际社会关于生态多样性和可持续发展的呼声愈加强烈。我国在植物园建设指导思想中在生态保护方面并未给予足够的关注与重视，尚未将生态保护上升到主导性指导思想的层面。面对当前的国际社会和生态环境形势，我国植物园建设应与时俱进，调整指导思想和发展方针，将以保护生态多样性和坚持可持续发展为主旨的生态性原则作为主导原则。其具体内容包括：要求植物园在建设初期充分利用基址的各项现状条件，采取低干扰低影响的基本原则，运用先进的绿色工程技术，因地制宜地进行适度的改造和重塑；在建设中要坚持保护生态多样性和可持续发展的原则，不仅着眼于当前的生态恢复，还要以长远的角度考虑场地在未来发展中可能面临的风险因素，充分挖掘场地潜在的生态价值；在植物园建成后，要注意以生态管理的方式促进场地的可持续发展等等。

其次，我国植物园在规划营建过程中，在地域性特色的塑造和挖掘上尤其不足，对于地域性自然特色的和人文特征的理解过于片面和肤浅。应将地域性原则作为植物园建园的基本指导原则之一，深入发掘所在区域独有的自然地域特色，展现独特的地域文化。具体表现在通过地形地貌的塑造再现乡土境域的地质风貌，营造以适合乡土植物生长为主的生态环境；在植物选种上优先选择用乡土植物进行收集展示和丰富的景观营造；同时，在植物园内的各类服务建筑、景观小品的设计上，也应融入乡土元素的表达，与植物景观共同塑造整体的地域风貌，展现独特的地域文化特色，传承地域文化精神。

（二）生态主义对植物园选址标准的渗透

近年来，由于人类的过度开垦和扩张导致了生态环境恶化，生物栖息地逐渐变得破碎不堪，大量的野生植物种类因缺乏有效的保护措施而受到巨大威胁并濒临灭绝。生物多样性正快速衰退，生态圈的稳态和安全面临严峻的挑战。生态主义的思潮已经开始渗透到城市建设的方方面面。

目前，我国植物园建设在生态主义上主要体现在对部分珍稀濒危植物种质资源的保护，在对整体的生物栖息环境的恢复性措施的研究尚不足。在初期选址工作中，大多数植物园为保证良好的建设成果，在对目标用地的自然地理条件进行综合分析后，通常会选择地貌丰富、依山傍水的生境良好的地带。如今，面对不断恶化的生态环境问题，植物园作为城市公园绿地系统的重要组成部分，应主动承担起生态保护相关的责任和义务，将植物园选址从整体的生态格局和城市的宏观层面进行综合考虑，有效利用城市的废弃空间，实现生态可持续建设与城市更新发展。从植物园的初期选址工作上对“择优而栖”的选址标准有意识地进行调整，将生态主义价值理念融入选址策略，主动把目光投向那些废弃的、遭到工业化污染的、生态环境严重恶化的地带，继而利用生态手段修复和重建。此外，在城市建设进入高峰期后，城市建设用地变得相对局促，在土地成本高于建设成本的前提下，选择废弃地作为植物园的建设用地有利于降低植物园的建设成本。

（三）传统与新兴植物学分类系统的对比分析

通过对常用的植物分类系统进行梳理发现各分类系统都有自身的特点和局限性。其中恩格勒系统、哈钦松系统和克朗奎斯特系统作为以形态鉴定为主要分类依据的传统植物学分类系统，其科学严谨性与基于分子生物学的APG Ⅲ系统相较有一定局限性，但在科普教学方面有较大优势。我国植物园由于受植物学科研水平等影响因素，仍以传统植物学分类系统为主。在实际规划应用的过程中，应充分结合植物园整体功能定位和乡土植物的生长条件，在保证基本的科学性的基础上，合理地选择运用分类系统。

（四）植物展示园区的规划特点及问题分析

1. 植物展示园区的规划设计特点分析

我国植物园在初期建设时多以植物收集保存以及引种驯化为主要职能，在园区的规划布局中呈现一个重要的特征：基于植物分类学系统等标准进行展示分区的分类专类园在游览区域内占据相当大的面积。这类专类园区主要具有以下特点：(1) 具有特定的主题内容；(2) 以具有相同特质类型（种类、科属、生态习性、观赏特性、使用价值等）的植物作为主要构景元素；(3) 以植物的收集展示及观赏为主。本文所指的分类专类园包含了植物分类进化区、树木园、基于植物分类系统的系统园等等。其优点是植物的观赏性较强，多以亲缘进化关系将植物以不同的科、属、种分类展示，同一园区内的植物具有相似的形态习性特征，可清晰明确地进行植物物种的辨认和比较，在科普认知方面有很大的优势。

通过对国内外植物园的数据统计分析，可发现大部分植物园的此类专类园占全园面积比重都在25%以上，有些植物园甚至达到了60%—70%的比重。植物分类园之所以占据着如此大的面积比重，最关键是在于它是植物园中最能体现基本科学属性的部分，是植物园进行植物种质资源收集最权威、最专业、最成体系的场所，是植物园科学研究及实践工作的基础载体，也是进行科普教育的重要基地，其优美的自然环境更是为人们提供了游憩休闲的绿地空间。

2. 植物展示园区规划设计的问题分析——“观光型”模式的局限性

由于我国植物园建设从一开始就受到经济条件、科学技术、审美价值等因素的制约，加之后期完善与更新的不足，直至今天，很多植物园的布局样貌仍停留在几十年前的布局上。在专类园的植物选择上，为通过缤纷多彩的植物景观吸引更多的游客，植物园建设者更加倾向于选择观赏价值较高的植物物种，如梅园、牡丹园、月季园、木兰园等以观花类植物为主的专类园成为全国大部分植物园的“标准配置”，导致我国植物园普遍存在主题特色不鲜明、地域性特色丧失的缺陷。同时，人们与植物的交流基本处于“观赏与被观赏”的单一模式，没有充分调动人们的各项感官去体验植物园中的一草一木，人与植物之间的对话互动缺乏理想的途径，这也影响了科普科教活动的效果。

传统的植物分类园形式日渐显示出其滞后和不足之处，人们日益增长的游憩需求和审美情趣已经无法满足于功能单一、体验单调的“观光型”游园模式，在国内外一些优秀植物园中已经出现了大量新型主题功能园区，不仅通过丰富的植物资源体现了各类植物的观赏价值，同样注重挖掘植物其他方面的使用价值、生态价值等，同时通过科学的园区规划和先进的景观工程技术，将植物展示与游憩体验、生态保护等完美融合，深受人们的喜爱。我国植物园应从规划分区的宏观层级出发，促进传统植物园的“观光型”模式向“互动体验型”模式的转变，在这方面的更新建设还有很长的路要走。

（五）中国植物园在地域特征营造中的误区解读分析

1. 误区一：对自然环境特征的漠视

在我国植物园的建设实践中，在地域性特征的塑造上多以地域性文化特征的表达为主，对于地域性自然地理特征的提取和诠释较为漠视或不够充分，人们很难从广泛的地景中体会本土的地域性特征。此外，即使是考虑了自然地理的因素，在实际设计过程中通常是参照一个较大区域内的整体地理特征，而忽略小区域内自然环境的微差，容易导致同一座城市或同一片区域内的植物园在自然地理表征上趋同。

事实上，当人们走进植物园，以自己的步伐丈量每一寸土地的时候，无论是起伏的沟壑、岩石的肌理、涂涂的溪流、道路上层层叠叠的枯叶，还是土壤的色彩，这些看似微不足道的细节是编织起人们对于城市整体意向网络的一针一线，自然天生就具备神奇的表达与感化的能力，它总是能在不经意的时刻与人们过往经历与遥远回忆中的某些部分完美地重合。

2. 误区二：忽略人类生产生活形成的人工化地域特征

西方传统园林中由农业生产景观中衍生的规则式造园手法，是对“第二自然”的描述和表征。广袤的农田、纵横的水渠、层叠错落的梯田、采煤厂的矿坑，这些人类经过长期的生产生活造就的大地痕迹，是与当地居民的日常生活最息息相关的部分，鲜明而深刻地体现当地的地域景观特征，也是对当地农耕文化与工业文明的再现。我国一直坚持“师法自然”作为传统园林的设计原则，基于人类生产生活形成的人工化乡土景观长期被园林设计师忽略。因此在我国的植物园中，大多以观赏性较强的花木为主，而与农业生产相关的经济类作物和乡土植物则少有展示。

3. 误区三：过于符号化的文化表达

我国植物园在地域文化的塑造上，常常出现因缺乏对地域文化的深度剖析而只是对其进行直接转译的现象，出现了很多过度具象化与符号化的文化景观，表达方式既单一又生硬。在景观主题的表达上，常常为了迎合某个“主题”而过于牵强附会，设计手法流于形式而显得无比生硬，或是表达过于直白而索然无趣，或是过于含蓄委婉而令人不知所云，过度注重表面形式而忽略内在精神。当人们以瞻仰的态度去感知的时候，更多的是基于视觉感受到的地域文化的宏观意象，无法与之进行亲密的接触与互动，难以引起内心的强烈共鸣。地域文化应通过与人们的日常生活相融合，借由艺术化的景观表达手法，在人与地域文化之间建立起动态的交流与对话。

（六）植物园传统解释体系的局限性

在我国的植物园建设实践中，标识引导解释系统因简洁清晰、信息传达准确、造价成本低等优点得到了最广泛的应用，标识引导解释系统在道路景区的方向性指示等基础导览上尤其便捷高效，然而在涉及科普知识、历史文化等较为复杂的解释对象时，仅仅借助各类解释性设施对知识与信息进行直接的文字表述，其表达效果往往不容乐观。如在北京植物园的实地调研中，园区解释体系主要以标识牌、宣传栏、植物铭牌为主，科普宣传的效果不容乐观。根据邱园的相关数据调查，到访植物园的人群大多以娱乐游憩为主要目的，只有少部分参观者会有意识地进行和科普教育的相关活动。

因此，高效的景观解释系统不应仅局限于解释性设施，而是要把解释的主题纳入景观设计体系中。现代植物园解释体系的构建中，除了保证基础信息的准确传达，更要关注“景观解释体系”的应用，通过丰富多元的景观元素建立起有兼具巨大吸引力和强烈说服力的景观解释体系，才能充分地表达设计理念、增强人与景观的互动交流，从而有效地开展科普生态教育，达到寓教于乐的效果。此外，随着科学的日新月异，传统标识解释系统往往因更新完善不及时导致相关科普信息的滞后甚至错误。互联网为普及和渗透植物园信息的传递方式提供了新的契机，植物园在解释体系的建设中还应借助新兴的网络数字解释系统，以保持信息的时效性与准确性。

第三节　现代中国植物园规划建设的发展趋势研究

基于上文对于我国植物园规划建设基本策略的研究和分析，同时结合对其中存在问题的总结和反思，本章节从基本策略中的基础选址、理念原则、分区布局、景观营造、游憩活动设置等方面出发，对现今国内外植物园的典型范例进行全面而深入的研究，从中探索我国植物园规划设计在新时期的几大发展趋势，为未来我国植物园的规划建设实践提供指导性的建议。

一、多样化科学化的选址

传统的植物园选址通常倾向于植被资源丰富、生态环境良好的地带，大部分科研机构仍选择此类基础条件优越的自然保护区作为植物园建设基址。21世纪以来，面对高速发展的城市化和工业化进程带来的各类环境问题，生态主义理念逐渐渗透进植物园建设的各个阶段，在植物园建设的基址选择主要体现在由传统的“择优而栖”逐渐转向突出生态主义价值的体现，植物园建设对于城市区域整体景观格局的意义也开始得到重视。此外，相关科学技术的进步也使现代植物园的基础选址工作呈现出更多的科学性。

（一）基于生态恢复的植物园选址

生态问题成为近年来备受国际社会瞩目的热点议题，植物园作为城市公园绿地系统的重要部分，它之于自然和社会的意义愈来愈受到关注。BGCI联盟向国际社会呼吁要加大环境保护力度，把植物园的工作重点放在保护濒危植物物种和保护生态栖息地上，加强植物园对生态修复工作的研究和贡献。现今的一些植物园已经充分意识到时代赋予植物园的责任和义务，从基础选址工作的发展变化就体现出了植物园崭新的科学意义和社会价值。一些植物园把建设基址选在生态环境受到破坏或处于严重威胁的区域，并试图通过植物园的建设使该区域的生态环境得到恢复和改善。

英国“伊甸园工程”的建设原址是康沃尔郡的一处废弃多年的陶锡矿坑，旧工业留下严重的土壤问题，设计师通过对废弃物的科学处理和再利用等一系列生态恢复手段，改善了恶劣的生态环境，伊甸园工程成为后工业时代生态环境再生的典范；堪培拉2003年的一场丛林大火给当地的生态环境造成毁灭性的破坏，政府为重塑该片区，扭转生物多样性下降的趋势，实施建造了占地面积约250公顷的“100森林项目”，将来自世界100多种濒危树种聚集于此，基于生态性和艺术性对整个植物园进行了再生设计；美国休斯敦植物园和自然中心是对长期受到干旱、飓风等恶劣气候影响而遭到严重破坏的自然林区进行环境修复的项目，通过将原林区固有的生态与文化历史与相应的现代需求相融合，营造出一处灵活有效且能够迎合社会需求的修复性林区环境。这些基于生态恢复的植物园建设实践，为区域生态的可持续发展做出了巨大贡献。

（二）基于整体景观格局的植物园选址

景观生态学理论的发展对城市大型绿地的选址起到指导性的作用。其

中“生境走廊”概念的提出为植物濒危物种的保护提供了新的思路。大型植物园之于城市整体景观生态网络的强化作用日益受到重视，这启发植物园建设中要保持城市原有自然山水绿地的连续和完整，防止断山和断水的破坏性建设。在城市整体景观格局中，植物园作为城市公园绿地，以点状斑块的形式参与绿色廊道网络的时候，应当注意在选址上与之保持节点重合的关系，尤其在城市的边缘地带，植物园的选址要考虑向城市中引入自然斑块，成为生境廊道中的桥梁以改善强化生态系统的连续性。在选址时充分关注景观的多样性和异质性，优先考虑不同生态环境下的乡土栖息地、自然水体以及湿地系统，全面思考植物园在未来对于城市绿带、绿环、绿廊、绿楔地带之完整性和连续性的意义，从城市区域的整体山水格局和公共绿地系统的整体性出发，保持生态环境走廊的完整和稳定，从而实现保护生物多样性和可持续发展。

北京植物园包括南园和北园两个片区，其中南园是老园区，是中国科学院植物研究所于1955年在香山南麓所建，主要由13个温室展览区、若干专类花园、树木园和国家植物标本馆组成。南园的自然环境以植被为主体，植物园成为一个相对封闭和孤立的绿地单元，没有充分考虑区域山水格局的整体性。近年来，北京植物园在更新规划中弥补了以上的缺陷，新建的北园拥有丰富的自然山水景观。2002年新建成的植物园湖区景观中，水域面积约10余公顷，湖区利用地形落差巧妙地运用了叠坝、溪流及浅潭等自然方式使北部、中部、南部三片湖区连为一体，湖岸线蜿蜒自然，步移而景异。2003年北京植物园为恢复樱桃沟自然风景区原始风貌，又进行了北京植物园水系二期工程，使青山绿树间八湖争秀，流水涂涂。尤其是断流多年的京西名胜樱桃沟，又重现了流水潺潺、百鸟争鸣的景象，形成了湖、潭、池、瀑、叠水、溪流等动静结合、大小不一、空间富有丰富变化的水景。北京植物园北园基于区域的山水格局和公共绿地系统的完整性开展选址建设工作，对北京香山地区自然山水绿地的连续性和完整性有着重要意义，作为北京“三山五园”绿道体系中的重要组成部分，北京植物园在区域整体山水格局中的价值得到提升。同时有利于生物多样性的改善，优美的山水景观也使得游人的游憩体验更加丰富了。

(三) 先进科学技术在选址中的综合应用

随着现代信息技术的飞速发展，信息已成为全社会的重要资源，信息的占有量及信息处理手段的先进程度已成为衡量一个行业现代化程度的重要标志。地理信息系统（GIS）技术开始逐渐介入植物园规划，是植物园林规划全面进入信息化的重要体现。通过地理信息系统（GIS）技术与多目标渠为配置模型等模型和技术相结合，在特定的科学模型中，采取多因子多目标综合的加权分析法对所选定的园址进行分析和比较。通过将GIS技术等与植物园的实际规划相结合，对园区土地利用进行适宜性分析，并将分析结果应用在规划成果中，确立植物园特色景观资源及其可持续发展模式，通过理论联系实践的方法，让规划更科学合理。

除了通过GIS技术对基址土地的研究分析外，近年来在国外一些先进植物园建设中，植物学信息系统（Botan GIS）作为地理信息系统（GIS）的一项非凡的创新性应用，已经开始尝试初步运用在植物园的初期建造过程中。通过将基址区块中的植物信息数据进行采集、记录和储存，形成完善的植物数据库，并将数据库结合各区块其他环境基础信息进行综合的科学分析，通过需求分析、技术架构设计、前期测试等一系列步骤，最终形成综合评价指标，帮助植物园建设者进行更加科学而全面的选址规划工作。此类技术的应用由于复杂性高、基础数据庞大、数据库建设投资巨大、见效时间长，且需及时更新、维护才能真正充分发挥其功效。目前仍处于初步应用阶段，需要依靠各学科科研水平和科学技术的不断发展而逐步完善。

二、规划功能分区的革新

随着社会公众需求从简单的游览、观赏，上升到通过接触植物认知科学、感悟自然，专类园的植物遴选原则和展示方式应有所突破，增加展示植物群落生态学特性、探索生物多样性保护和生态系统可持续发展等方面的内容。如今，许多植物园的规划布局在功能分区上发生了较为显著的新变化：扩建和新建的植物园园区中，以单一的观赏性为主的植物专类园游览区的数量逐渐减少了，不再刻意强调乔木、灌木、藤本和草本的分类，而是旨在突出植物园展示空间的全面性和科学性，更加注重挖掘植物其他方面的重要价值，尤其是生态保护与恢复上的重要价值。其次，注重游憩中人性化、多样性与创新性的体现，使人们通过实践全方位、多层次地参与和感受奇妙的植物世界，这是在人与自然之间建立起的新型互动模式。新型主题功能区的建设主要针对植物收集展示和游憩互动体验两方面展开。

（一）新型植物展示主题分区

1. 植物分类展示区的理论革新和实践应用

（1）新兴植物学分类系统

在自然分类系统一个多世纪的发展历程中，恩格勒系统、哈钦松系统、克朗奎斯特系统等传统植物学分类系统为植物分类学奠定了坚实基础，使植物园的最基本的“科学性”属性得到有力的保证。然而恩格勒系统、哈钦松系统以及克朗奎斯特系统等传统植物学分类系统在科学严谨性上却存在着局限性：以植物的形态性状作为主要分类依据，而不是以更为科学和严谨的数据分析为基础，较强的人为主观性导致系统中出现较多错误的判断与归类，科学性俨然不足。

如今，得益于时代进步和生命科学的迅猛发展，当传统植物学分类系统面临着越来越多无法合理解释的问题时，分子生物学这道新曙光使得植物分类系统迎来了新的时代。基于分子生物学的 APG III 植物分类方法，使得有花植物之间更高层次的类群关系有了更科学和全面的解释，此外很大一部分植物的之间的类群关系也得到了理清。APG III 分类方法为真双子叶植物构建了 14 种新的类群序列，尚未归类的真双子叶植物数量已经明显下降至 5 个属。APG 系统的持续革新与改善，也激发了植物园规划建设策略的不断创新发展，植物园科普科教的内容日益趋于科学化、系统化和现代化。

（2）传统与新兴植物学分类系统的综合运用

虽然传统植物学分类系统具有较大的主观局限性，但在一定的合理范围内，以形态特征为主要依据的分类方法在野外认知和科学普及等方面具备不可忽视的实用价值，传统形态分类鉴定在属种水平上的植物认知依然有无法取代的价值。尤其对我国早期植物园的建设发展具有奠基性的意义。恩格勒系统和克朗奎斯特系统具有层次关系清晰有序的特征，较明确地展示了植物的演化规律，有利于植物生态习性特征的展现，以此营造的生境景观观赏性强。许多标本馆的标本陈列均以此为基，对于植物园的教学起了巨大的推动作用。

现今，国内外已有许多新兴植物园将传统分类系统与新兴的分类系统综合运用在植物园的分类规划中。比如在以植物的“属”和“种”进行分类的专类园或进化展示区中，运用克朗奎斯特系统可清晰有序地呈现植物的进化关系和演变规律，各分区的植物具有相似的形态特征和生长习性，便于人们在进行基础的植物认知时更快地接受和理解；基于分子生物学原理的 APG III 分类系统由于深入到植物的基因序列，与以形态特征为主的传统分类系统基于两套完全不同的体系，对其全面深入的认识需具备一定生物学专业基础，因此在认知和理解上有一定的难度。在实际操作中通常将 APG III 分类方法运用到“目”与“科”的级别分类，保证植物分类在较高层级水平上的科学性，而在“属”和“种”级别的植物分类展示则选用传统的恩格勒系统、克朗奎斯特系统等，有利于人们更好地进行植物辨别认知等科普活动。上海辰山植物园就是将两个被子植物分类系统结合利用的典型案例。在辰山植物园植物分类进化系统园中，一条不规则的环路把园区分为内圈和外围两部分。外围部分的植物按恩格勒系统以顺时针方向种植，内圈则是遵从 APG III 系统，将两个系统在科学性与实践性方面的优势合理地发挥出来。

此外，将 APG III 系统中较为生涩难懂的专业性部分结合利用植物园中的标本馆、图书馆和科普展览馆，通过多媒体展示和人工解说手段展开更深入的科普教育。

2. 植物展示主题分区的新思路

(1) 从单一品种收集到生态群落展示

专类园所占面积越大，收集的植物种类相对越少，因此专类园应用范围不应过广。植物种质资源的收集要脱离以植物品种为单元的单一收集模式，并积极开展广泛的引种，在保证植物品种和视觉观赏性的同时，注重体现植物与人类的相互关系，如增加农作物、果蔬类等与人类生活密切相关的植物品种。其次，要突出植物生境与栖息地的生物多样性，如对典型植物群落的收集展示。特别是以植物群落的整体生态学特性作为收集和展示的单元，对植物典型群落整体生态习性的研究是可持续的发展方向。

法国波尔多植物园是以表现植物多样性、自然资源循环利用为主题。

在最具特色的“生境走廊”中，11个岛状花园各代表了该地区的一种典型生态环境，包括土壤、岩石、植物群落等。柏林大莱植物园最大的特色是按照植物地理学的方法，按照世界范围内植物的原生地区及生长环境将植物进行分区展示，共划分为亚洲、欧洲、非洲、大洋洲、南美洲和北美洲六大洲分区，在每个大洲的分区内又进一步细化为不同的国家和地区，在各个地理区系分区内尽可能地模拟植物原产地的生态环境。

(2) 从观赏性植物收集到兼顾生态多样性保护和可持续发展意义

生物多样性保护和可持续发展是当今世界在应对逐步恶化的环境所提出的新发展方针。生物多样性主要包括三个层次的内涵，即生物种类的多样性、基因(遗传)的多样性和生态系统的多样性。如今，很多植物园已经把目光从满足欣赏不同植物品种和奇花异草的需求，逐渐投向科普教育、环保宣传、生态示范和可持续发展的思考中。许多植物园在规划建设时已经开始在园区中规划珍稀濒危植物保护区、乡土植物物种保护区、环境保护示范区等。对于遭到破坏的生态区域，植物园也采取一系列科学的生态工程措施加以恢复改善。

新加坡植物园将周边9.8公顷的原始森林纳入植物园的范围，使之成为植物园西区的一部分，将其与植物园内原有的热带雨林区域结合形成更大的热带雨林生态区域，并在其中建立了一个森林栖息地和重要的迁地保护区。在保证热带雨林生态环境不受损害的前提下，新加坡植物园科研机构引进了更多的科研专家在此进行更多珍稀经济作物和种植资源的收集研究。

在西双版纳热带植物园的绿石林景区处于石灰山雨林地带，近年来随着当地橡胶种植的发展，对自然资源不合理的开发利用使部分雨林区域严重退化，一些稀有物种在该地区消失，生境遭到严重破坏，热带雨林无法完成正常地演替。在西双版纳石灰山雨林恢复项目中，一片废弃果树种植区被选择作为生态恢复示范区，并与景区的改造提升计划相结合，将其建设成景区的一个热带雨林保护和生态环境恢复的示范窗口。

此外，有些植物园还在应对能源危机、开发利用新能源等方面进行了思考和尝试，建造了生物质能源植物展示园。例如上海辰山植物园就特别设置了油料植物、染料植物、纤维植物等主题园，表达了对环境与能源问题的关注。

(二) 互动体验式游憩园区

休闲游憩型的主题园由于内容、形式丰富，互动参与性强，已经不再拘泥于传统的追求画面的游赏模式，人们获得了以更多不同的感官去同自然和植物交流对话的机会，不再是单纯的“看客”，他们调动身心参与进景观对象之中，得到的游憩体验是丰满的、多层次的、立体化的。“互动体验式”的景观园区受到广泛欢迎和喜爱，在新型主题园中占的比重也越来越大。通过创造一种空间环境中的感受而非静态的画面，在对客观景象的创造外，更加注重审视主体的直觉特性。这样的体验和感受模式更符合现代社会环境中人们认识景观的方式和过程。

邱园的“树冠空中走廊”就是互动体验式游憩景点的一个成功典范。全程200米的空中走廊离地面约18米，通过如巨型树干般的钢柱结构进行支撑，锈红色的钢柱与树干颜色十分接近，掩映在郁郁葱葱的绿色中显得优雅而和谐。人行道的扶手结构是基于斐波那契数列设计建造的——这是大自然中许多植物的花瓣、叶片和果实的数目的排列方式。这条美丽的空中步道既轻盈又通透，远远望去仿佛是一条从林中自然生长出来的、缠绕蜿蜒在茂密树冠中的藤蔓。人们行走在步道上，穿行于甜栗树、橡树和菩提树繁茂的树冠上，近距离地观察猫头鹰、啄木鸟等各种鸟类，还能与昆虫、苔藓和真菌类植物等亲密接触。在春天，人们甚至还能观察花苞绽开的和荚果破壳而出的过程。空中步道为这些珍贵的瞬间提供了观察的机会和绝佳的视角，同时人们也可俯瞰整个邱园的样貌。与空中走廊相连的地下展览室中，展示了许多有关土壤、植物与微生物之间相互关系的科普知识。这座树冠空中走廊从设计到材质都充满创造性和现代感，却又和大自然巧妙地融为一体，给古老的皇家植物园注入了无限活力，游客获得了全然不同于地面的游览视角和体验，也能在游览中充分意识到树对于自然生物的重要性。

此外，邱园为增进人与自然的交流互动而增设的趣味性景点还包括蜜蜂花园、“登山者和爬山虎”室内活动区、探索“灌穴”的地道、以圆木为路径的自然游乐区等。

在其他植物园案例中，此类主题特色鲜明、活动内容极富创意的互动体验式游憩园区受到游客的热烈欢迎。在密苏里植物园中，芳香体验花园、密苏里历险儿童花园、以密苏里著名科学家乔治·华盛顿·卡弗为主题的花园；新加坡植物园也结合地域特色和人们的游憩需求发展建设了一系列精彩的园中园，如经济生态花园、国家胡姬园、叶花园、雅格巴拉斯儿童花园、日暑园、棕榈谷等等，近几年又新建了以疾病和治疗关系为主题的康复花园。

（三）小结与思考

我国的许多植物园在功能分区的规划上也敏锐地察觉到了这一新的发展趋势，通过在原址旁加建新型主题园区来完善植物园的科学性和游憩性，如北京植物园北园新建的湖区和樱桃沟景区，南京中山植物园新园区中的热带植物宫、红枫岗景区、自然小径；在新建的植物园中，上海辰山植物园中的矿坑花园、小小动物园，深圳仙湖植物园中的化石森林等趣味景点的设置都体现了新时期植物园在规划分区上的发展变化。这些将游憩娱乐、植物展示、科学普及、生态教育等多层面功能整合形成的复合功能区，在功能作用和景观形式上都摆脱了单一化的传统分类园模式，景观设计手法更加新颖现代，游憩主题更加丰富多元，科普方式更加高效灵活，地域特征更加鲜明突出，内容设置更加贴近现代人的生活方式，对于生态保护的思考与实践也得到了充分的体现。

值得注意的是，在植物园新型主题园区的建设发展中，也因规划理念的偏差而出现了一些脱离植物园科学本质的现象。如湖南长沙森林植物园在儿童游乐园中设置的诸如碰碰车、海盗船、过山车、水上乐园等纯娱乐性质的项目和植物园的基本属性严重不符，此类景点过分偏重于游憩空间的休闲娱乐性，这是对植物园科学本质属性的忽视，体现了建设者对于植物园区别于其他类型公园绿地的认知上的不足。因而在植物园新型主题专类园区的规划中，立足于植物园的本质是最基本原则，要利用自身丰富的植物资源和优美的自然环境来开展各项与科普教育、生态体验等主题相关的休闲游憩活动，通过陶冶式的、启发式的、互动式的活动来实现植物园的施教于人。

三、游憩体验的发展

植物园作为城市公园绿地系统中的重要组成部分，是重要的社会资源，是当地文化和生态旅游经济的载体。作为城市绿地系统中的专类公园，它既是植物收集展示、科研、生态保护教育基地，又是供公众休憩和感悟、体会自然的城市公园。更重要的是，它有助于形成一个与周边环境适应、融合，能够实现多种交流方式的城市公共领域。

人们日益增长的游憩需求使植物园愈加注重其作为公园绿地空间的属性体现。新时期的城市公园绿地空间建设呈现如下几大新发展趋势：(一) 坚持以人为本，创建宜居环境；(二) 与传承城市地域文脉相结合；(三) 观光型向参与体验型的发展。在现今植物园的建设发展中也紧随城市公园绿空间的发展趋势，从多角度完善人们的游憩体验，体现植物园的社会价值和文化价值。

(一) 多元化新型游憩活动

在我国早期传统植物园中，游览展示园区中以某种植物为主题的分类园占据相当大的比例，导致了多数植物园的植物造景趋于雷同，加上游憩内容的规划缺乏特色和创新，人与植物之间缺少深入的互动交流，无法真正融入和体验大自然。随着人们精神文化需求的增长，多元化、现代化、人性化并且注重参与体验的创新性游憩主题活动逐渐成为现代植物园建设的重要内容，试图在这个高速发展的时代环境促进下使人和自然的关系走向和谐与交融。

1. 互动体验式科普游憩活动

在一些发展较为成熟的植物园案例中，通常会基于游客的年龄和认知、实践水平等将游客人群进行科学的划分，有针对性地提供不同类型的科普活动。通常将游客人群划分为亲子类、师生类和成人类三大类型。

(1) 亲子主题游憩活动

亲子主题游憩活动在植物园中主要体现在儿童专类植物园的设计以及亲子共同参与的家庭集体活动设计。从20世纪90年代末，儿童植物园建设的热潮逐渐兴起。对于植物园的科普教育活动而言，天真活泼、对大自然充满好奇心和想象力的孩子是最忠实的受众群体。目前世界上的2000多个植物园中，超过六成的植物园已经建成或正在规划建立儿童植物园专区。

在美国密苏里植物园中的桃瑞丝·史努克儿童花园里，设计师为孩子规划了四条主题路线：开拓者之路、植物学家之路、探险者之路和发现者之路，每条游线内都结合各自的主题选择相应的植物物种并营造层次丰富、特色鲜明的生态群落，同时以形式多样的景观小品和建筑进一步强化植物造景。每条游线里都安排了丰富有趣的科普教育活动，蜿蜒曲折的小路将儿童乐园中各个趣味横生的景点串联起来，吸引着孩子们发现和探索如同童话迷宫一般的植物世界。

新加坡植物园中的雅格·巴拉斯儿童花园主要针对12岁以下的孩子设立，围绕着“地球上所有生命都依赖与植物”这一主题，旨在通过探索和玩耍培养少年儿童对植物、大自然和环境的热爱。儿童花园的设计独具匠心、生动有趣，孩子们在百年树龄的大树干中玩捉迷藏，在树屋、戏水区、植物迷宫等游乐区玩耍，在迷你花园中种植一些小植物并进行简单的园艺劳作，近距离地观察蘑菇种植中生物堆肥和养分循环的过程等等。这里不仅仅是一个大型的绿色游戏室，更是一个天然的大课堂，通过园内植物、标志牌、游览场地及教育性项目培养儿童对于植物的热爱，激发对自然的想象力和求知欲。

在亲子共同参与的主题活动中，不仅让孩子们通过与植物的亲密接触领略到自然的神奇和美妙，促进了观察能力和实践创造能力的培养，家长参与其中也增进了亲子关系的和谐。美国芝加哥植物园是一座物种资源极其丰富的活体植物博物馆，把科普教育作为其核心任务，在面向家庭的教育项目中十分鼓励家庭成员的共同参与，强调互动与实践。孩子在父母的带领下游览植物园、学习动植物知识，体会四季变化和昼夜交替，感受大自然的魅力。如在周末家庭课程中，学习用不同植物制作颜料和美食，在“小小挖掘家”项目中学习种植盆栽等简单的园艺，在“自然之夜”举家夜游于夜间的大自然并开展草原探险、篝火露营活动等等。

(2) 成年人游憩活动

对于成年人群体的活动主题设计，多以实用性较强的家庭园艺实践培训为主。许多植物园会与周边的社区进行定点合作，制定社区园艺项目计划，通过通常会在植物园中专门划出一部分区域作为培训实践园地。布鲁克林植物园中针对成年人的游憩活动包括学习屋顶园艺、在室内种植药用植物、学习在荫蔽的花园中种植蔬菜等等。此外，植物园通常与高校建立合作伙伴关系，特别提供专业的园艺知识课程和园艺实习项目，如密苏里植物园与密苏里堪萨斯大学合作“圣·路易斯园艺大师”项目，目的是提供园艺教学来培训大批的园艺志愿者，再由志愿者向圣路易斯社区居民进一步推广公益性质的园艺教学。

(3) 师生群体游憩活动

植物园向师生提供了类型丰富的创新互动项目，以户外课堂的形式进行植物科普教学。对于中小学师生，主要包括实践动手类园艺课程、户外探秘、暑期夏令营；部分植物园与高等院校共同合作建立了专业实习基地，为植物学、生态学专业的学生提供带薪实习的机会。

2. 文化节事主题活动

现今，越来越多的植物园通过将植物园游憩活动与丰富多彩的文化节事活动相结合，植物园的游憩活动因此增添了独特的人文风情。

(1) 艺术文化主题

艺术与植物有与生俱来的和谐感，艺术作品巧妙地利用植物园优美的自然环境为背景而显得更加具有生命力，同时也为植物园熏染了浓郁的文化气质和艺术气息，大大提升了植物园对游客的吸引力。参与者在活动中也陶冶了情操，提高了艺术修养。现代植物园越来越注重植物园文化艺术底蕴的塑造，相关的主题活动主要包括各类艺术展览及课程培训。艺术展览主要以植物园中的博物馆、图书馆、展览馆等文化建筑作为展览空间，有时也结合展览的具体内容在室外布置展览空间。通常包括画展、摄影展、幻灯片展、雕塑展等等。课程培训主要包括插花、茶道、植物绘画等等。

亨廷顿植物园以图书馆展厅和亨廷顿艺术画廊作为艺术展览的主要举办场所，全年举办十多次展览活动，每次展览时间持续半个月到六个月不等。

植物园的露天音乐会和电影节等也受到人们的热烈喜爱。仙童热带植物园每年举办花园音乐节、情人节音乐会、周末音乐会及假日音乐会四个不同主题的活动。除了周末音乐会因规模较小主要在园区的温室咖啡馆举办，其他三种音乐会活动会结合植物园的节事活动策划，多于宽阔平坦的露天草坪上举行；邱园一年一度的邱园草坪音乐会和邱园露天电影节成为伦敦市民欢庆的盛宴，年轻而现代的艺术气息为古老的皇家植物园增添了独特的魅力；新加坡植物园在周末通常会在交响乐湖畔举办免费的音乐会，吸引大量的游客围坐在湖畔草坪上欣赏。这类文化艺术活动主要集中在傍晚到夜间举行，提高了公众对于植物园的使用率，延续了白天植物园的活力。同时，植物园也借此提升了艺术底蕴和文化内涵，注入了新鲜的活力。

(2) 重大节庆主题

英国邱园为迎接西方传统节日复活节的到来，在植物园中组织策划了一系列创意十足的游憩活动。邱园在2016年复活节系列活动中，巧妙地从“巧克力”这个复活节中最不可缺少的美食切入主题，以与巧克力相关的植物为主体设计了丰富多彩的游憩内容。邱园在复活节期间特别设计了一条全新的游线——“巧克力的美味之旅”。这条游线串联起各时期用于巧克力制作的植物原材料区域，如古玛雅人用于制造红色巧克力酱的红木和胭脂树，早期欧洲穷人用于替代糖进行巧克力调味使用的玫瑰、香草、辣椒、等香料植物，甚至包括早期违法商家用于加工制造廉价巧克力的马铃薯、水稻和豌豆等。结合相关宣传册和植物铭牌的说明，这一系列新奇而充满趣味性的巧克力的发展历史通过眼前各种活生生的植物一一呈现出来。除了这条“节日限定”的游线设计外，邱园还组织策划了多个与巧克力相关的家庭集体活动来吸引人气，烘托节日气氛，如在植物园内搜集“金兔子”线索来换取美味的复活节巧克力，以及在社交网站上举行的邱园复活节巧克力摄影比赛等等。这创意无限的节事活动不仅让人们通过巧克力的有趣历史感受浓郁的复活节节日文化气氛，还使人们也在愉悦轻松的氛围中在增加了对相关植物的认识和了解。

圣诞节的邱园更是充满了梦幻和浪漫的色彩。圣诞节的邱园用各色灯光照亮了植物园的建筑、步道和植物。一条精心规划的一英里长的“圣诞步道”将人们带入圣诞气氛浓烈的夜间圣诞植物园。与圣诞节相关的植物成为重要展示对象，如用于制造圣诞树的松、柏、杉类树木，用于制作圣诞花环的构骨，作为圣诞节装饰的槲寄生、蟹爪兰、常春藤，用于制作圣诞传统香料的乳香树、地丁树，以及圣诞食物中的梨、蓝毒、巴西胡桃、可可等。圣诞步道穿越过被色彩缤纷、形态各异的彩灯装饰的松柏林和芳香花园，途径灯火隧道、发光的花园、巨型雪花雕塑、棕榈树屋，最终到达威尔士王妃温室中的“圣诞老人石窟”。此外，邱园还在园中布置了旋转木马等复古圣诞游乐设施，在草坪上举办传统节日盛宴。人们沿着闪闪发光的圣诞步道，享受着独一无二的夜间游园体验。

上海辰山植物园将中国传统节日元素充分融入植物园的主题活动，如适逢中秋佳节举办的“花好月圆”辰山中秋活动，植物园组织开展了手绘宫扇、中秋果实采摘、夜游温室、放河灯许心愿等系列活动；在辰山端午节活动中，将与端午传统风俗相关的植物组织设计成为端午节日游线，组织人们利用其中有着各种特殊香气的干花植物制作“端午香囊”，在园中开展植物认知闯关竞赛等寓教于乐的科普活动。

我国植物园的建设已经开始关注文化艺术氛围的营造，但由于设计理念和运作资金等方面的局限性，相关活动并未得到全面的展开，在活动空间品质的塑造方面有明显不足，缺乏与人们之间充分的互动交流，吸引力较低，游客的活动体验尚不够丰富。

3. 彰显人文关怀的游憩体验

随着社会对于人文关怀的逐渐重视，景观设计中的人性化设计成为必不可缺的部分。对儿童、老人、残障人士等弱势群体的关怀成为人性化景观设计的重点部分。现代社会的人们面临着来自自然环境和社会环境的双重压力，处于亚健康状态的人对于自然环境也有着特殊的诉求。大自然环境中的新鲜空气、阳光、流水、散发有治愈功效的香味植物等自然因子都能直接对人体的物理机能产生有益的影响。同时，自然环境对人的精神的调节和舒缓也同样有助于人们放松身心、减缓压力。近年来，关于医疗花园和康复景观的建设日益兴盛，拥有丰富植物资源和良好生态环境的植物园在关注弱势群体的实践上进行了积极探索。

美国芝加哥植物园中的比勒体验花园的宗旨是“让所有人都能享受花园的乐趣”。花园被设计为一个呈规则式布局的、宁静和雅致矩形空间。在露天园区里，充满人性关怀的植物景观设施在各个细节一一呈现：吊篮上安装了可伸缩的悬挂装置，可供游客任意升降调节至适宜的观赏高度；花卉种植床内均匀分布着金属栅格，具有视力障碍的游客可以顺着栅格的引导去触摸和感知多样的植物；独具芳香气味的植物也刺激着人们的嗅觉，令人身心得到放松；浅盘种植床被设计为三种不同的高度，满足不同身体状况的人们参与园艺活动，种植床下部的架空设计使乘坐轮椅的游客更舒适地进行园艺劳作；针对腰背不适、有关节炎疾患的中老年人的使用需求，抬升的花床分有60厘米和90厘米两种规格。此外，立体花墙的设计便于人们从不同角度观察和接触植物，抬升的水池和水墙满足了人们亲水的心理需求。比勒体验花园成功地实现了“轮椅园艺”，在设计师的匠心独运之下，各种植物巧妙地分布在花园中，行动不便的人在这里得以跨越生理的障碍，无论是什么样的年龄或身体状况，都能充分地亲近和感受植物，参与并享受园艺的乐趣。盲人植物园是以盲人为主要服务对象，配备以安全的辅助设施，可进行触觉感知、听觉感知和嗅觉感知等活动的植物园。盲人植物园的专类设计为那些无法亲眼领略大自然魅力的视觉障碍者提供了感受植物世界的新途径。上海辰山植物园的盲人植物园从空间布局到细节处理都充分体现了设计的人性化。设计者以颇具深意的“一米阳光”四个字作为盲人植物园的主题，其中“米”字体现在设计者将园中的无障碍设施集中设置在盲人触手可及的1米范围内。为避免干扰、保证盲人行走的安全性，园区仅在北部设置一个出入口，盲人主要体验通道是一条单向的盲道，柔和而流畅的曲线蜿蜒贯穿了整个园区，沿路布置了不同类型的植物体验节点，盲人游客可以通过其他感官和植物进行亲密的互动。

植物感知区域主要包括视觉体验区（针对弱视人群）、嗅觉体验区、叶的触摸区、枝条触摸区、水生植物触摸区和科普知识触摸区。各个体验区结合人的感知和接触方式对植物进行了精心的挑选和设置，如视觉体验区内选择了多种色彩明艳的植物，如红枫、紫叶小檗、木芙蓉；嗅觉体验区内以香花植物和香叶植物为主，包括桂花、栀子花、迷迭香、鱼腥草、薄荷等等；在叶的触摸区，选择了在叶片的大小、软硬、形态以及质感方面有明显特色的植物，如叶形硕大的芭蕉、叶面粗糙的糙叶树、叶形如扇的银杏等等。盲人游客在触摸区获得的与植物相关的信息和体验是最直接、具体而细腻的。印刻了盲文的铭牌分布在各分区中，帮助盲人游客对植物进行更加科学准确的理解。在细节的设计上，盲道以专用的塑木材料铺设园路，增强了行走的舒适度；流线步道右侧的扶手栏杆以及中途休憩停留空间内的坐凳均被刷成鲜艳的红色，与绿色的草坪和树篱形成鲜明对比，帮助视弱人群有效辨识。在其他景观小品的设计师也别出心裁：休憩空间的生态座椅是由木板与石笼网组合而成，人们在休息时也能观察并触摸石笼内的植物；在科普触摸区，30

种树木的树干木段被用绳索悬挂成上下两排，远远看去仿佛古代的编钟。盲人游客通过触摸肌理各异的树干对树木进行辨别和认知；在水生植物触摸区，通过若干出水口的一面弧形景墙与种植平台相结合的形式进行展示。种植平台高约1米且下部悬空，供人们便捷地亲近感受形态各异的水生植物。

德国的不莱梅盲人植物园占地约2600平方米，园区被茂密的植被所包围，园区内园路地势较周边地区较低，形成了安全的内向性空间。园路使用了多种质地不同的材料铺设园路，以提示盲人行进路途中的变化：入口处的斜坡满铺石子进行防滑处理，花坛节点处使用了沙石，中央地区则铺洒了满满的树皮。16个植物主题区按照从A到Q的顺序进行编号，并连同各区域内植物的名称信息一同刻在每个区出入口的小木板上，在中央区域内最大的铭牌上是植物名称的汇总信息，方便盲人游客查阅和定位。整个盲人植物园的设计宗旨就是让盲人自由地探索和感知。

在这类展现人性关怀、致力于为所有人服务的植物园景观规划建设中，通常具有以下几点共同特征：

(1) 明确的功能界定

各功能区特色鲜明、重点突出、功能明确，辨识度较高，以满足不同使用人群的特殊使用需求。

(2) 辨识性较强的植物配置

根据植物功能和特性的不同，主要包括具有极高观赏价值的视觉型植物、能产生特殊香气的嗅觉型植物以及质感特征鲜明的触觉型植物，鼓励人们动用多种感官体验和享受植物园的乐趣。植物种类也通常源自当地居民所熟悉的乡土植物。

(3) 便捷通达的道路游线

景观空间尺度较小以便于进行舒适的步行游览。园路系统多是便捷、清晰、方向引导性强的环形园路。道路坡度适宜，无障碍通道设置完善，坡道两侧通常安装辅助性扶手。

(4) 天然的铺装形式

园区内通常选择石料和木材这类天然铺装材料，在铺设形式上避免过多的人工雕凿的痕迹，以简洁的自然式为主。铺装色彩上多使用亲和性较强的、朴素淡雅的暖色调，给人以温暖愉悦的心理感受。在不同空间的衔接处注重不同材质色彩对比，以暗示空间的转换。同时，铺装还应注意防积水与防滑的处理。

（5）尺度适宜的景观构筑

在景观小品构筑的设计上兼顾行动不便的游客的需求，在尺度设计上彰显细致周到的人文关怀，如抬升式的水池、多种高度的种植池、立体种植墙等等。

（6）清晰易读的引导解说牌

引导解说牌应规范严谨、条理清晰、通俗易懂、易于识别，从而实现正确、高效的交通引导。在科普知识的表达上多以轻松明快、灵活有趣的方式呈现，方便游人阅读和理解。

4. 小结与思考

从互动体验式科普活动、文化节事主题活动以及彰显人文关怀的游憩体验三方面发展多元化的新型科普游憩活动，充分体现植物园对城市公园建设发展中“以人为本”理念的表达，为游客打造了一个全面的、多元的、深层次的、人性化的游憩体验。

（二）地域性特征的景观诠释

在全球化背景下，城市发展模式的趋同、对于本土历史文化的漠视和生态保护意识的缺失，导致在城市绿地建设中对于地域性特征的景观表达逐渐陷入模式化的诠释中，大多只着重乡土植物造景和形式化的文化符号的塑造，在对地域性历史文化的景观化表达中通常只是单向性地输出文化表象信息，而对信息的接受者没有足够的重视，设计显得单薄而缺乏深度。近年来，城市特色缺失的问题逐渐受到了广泛关注，在植物园建设中也越来越注重城市特色的挖掘和塑造。

1. 对自然地理的地域性特征营造

在对自然地理的地域性特征的萃取中，丰富的地形地貌、独特的岩石和土壤构成、乡土植物物种和城市其他水文相接的溪流湖泊都是最鲜明的特征要素。

澳大利亚幅员辽阔，温带海洋性气候下的东南部沿海地区城市化进程发展迅速，而较为偏远的、处于热带沙漠气候的中部与北部地区则形成了迥然不同的景观风貌。澳洲花园作为澳大利亚的皇家植物园，一改澳大利亚早期植物园建设中模仿西方传统园林的方式，以澳大利亚的本土气候分布和地理风貌作为景观的创意来源。花园中心的红沙园是对澳洲大陆中心大面积的热带沙漠气候景观的再现，鲜红的铺地材质和充满雕塑感的几何式景观元素表现出炎热荒漠中自然朴实的景象，干涸河床娱乐区和起伏堆叠的岩石模拟了半沙漠地带的景观。围绕着红沙园郁郁葱葱的植被与之产生强烈的对比，表达了澳洲土地上最鲜明的特色——荒漠景观和森林景观的对抗。园区南部的水时而以湖面、时而以河流、时而以瀑布、时而以浪潮的形态出现，是对沿海自然景观的艺术化概括。

一条有序而顺畅的环形园路贯穿全园，人们沿路体验着从澳大利亚东北部的昆士兰到最南部的塔斯马尼亚岛的地貌风情，园中的景观几乎反应了澳大利亚这块神奇的大陆上的所有生态风貌，设计师通过艺术性的手法在咫尺天地中重现了广袤澳洲土地上的迷人魅力。

波尔多植物园通过综合其所在地区内的几种典型生态类型设计了一条独特的“生境走廊”，分别从地形、土壤、岩石及植物类群等方面展示了阿基坦盆地特殊景观的形态。“生态走廊”将自然环境按进化发展的顺序，通过景观的微缩和抽象处理，沿着游览线路呈线性方式排列。从平展开阔的水域空间到海陆空间的交汇地带，再逐渐向陆生环境过渡，重现了每个生态环境中最具代表性的本土植物群落。此外，设计师还在景观立面上对地理岩石的构造、土壤的种类及厚度等一一再现，通过不同种类岩石上形态各异的肌理以及遭受风化侵蚀后留下的斑驳痕迹，生动地描绘了阿基坦盆地独具特色的自然地理风貌。

北京植物园中的樱桃沟景区以自然野趣著称。樱桃沟充分利用了自然山体和墙垣围合而成的天然的特殊地形，沿着溪涧布置的木栈道蜿蜒曲折，步移景异，空间布局虚实错落，层次丰富。樱桃沟的植被栽植充分利用了沟谷山涧这得天独厚的地形条件，将毛樱桃沿途溪流和曲折木栈道错落栽植，充分体现自然的野趣。人们穿行其中对于樱花的观赏是近距离、全方位、多角度的。樱桃沟的入口处以通直挺拔、蔚然成林的水杉作为樱桃沟景观的序曲，和沟谷内的樱花林形成对比映衬。此外林间还配置以迎春、海棠、芍药、牡丹等灌木与蔓生植物，樱桃沟内形成了自然的复层混交植物群落，与蜿蜒的溪流、陡峭的崖壁共同营造了北京香山地区独具风格的山洞景观。

2. 对人文历史的地域性特征营造

上海辰山植物园的矿坑花园设计受到中国风景画与传统文学的启发，综合运用现代设计手法，表现了东方的园林文化与中国的乌托邦文化。不同于西方的“静态”观赏方式，东方传统更强调可观、可游的“进入”式山水体验。“桃花源”是我国传统文学中的“东方伊甸园”，在矿坑花园中的游憩体验，仿佛再现了《桃花源记》中的渔夫在理想国度的又一次奇妙探险。设计师结合“桃花源”的隐逸思想，利用现有的山水条件设计了瀑布、天堑、栈道、水帘洞等与自然地形密切结合的内容。一条160m的景观浮桥紧贴在深潭的水平面上，周围峭壁环生，瀑布飞泄，茂密的水杉林遮住了阳光，此刻恍如与世隔绝的异境。走完浮桥则进入了黑暗的深邃的山洞，当钻过山洞再见明朗天日，不禁感叹矿坑花园的神奇。这令人豁然开朗的意境营造出一种柳暗花明的韵致。设计师将传统的东方文化与辰山地区旧工业的采矿文化相融合，深化了人们对中国山水画意境和采矿工业文化的体悟。

除了历史人文层面的文化诠释，地域性文化的表达越来越倾向于与人们的日常生产生活相联系。尤其是在远离原生态自然景观的人类聚居地，本地区的农业和工业生产活动在自然中留下的痕迹往往更能激发人们的共鸣和归属感。当地居民长期生产生活塑造的特殊肌理，反应人们与自然相互依存、相互影响的关系。同时也是对当地地域性生产生活文化的表达，具有深层的意义。

巴塞罗那地处丘陵遍布的伊比利亚半岛，在农业生产时期，当地居民沿着丘陵山坡大规模地开垦梯田，形成了极富地域特色的大地景观。在巴塞罗那植物园中，层叠错落的三角台地式种植区就模仿和再现了当地农业生产造就的极具代表性的几何式梯田。低矮而整齐的绿色草本和灌木植物与锈红色的耐候钢板挡土墙、裸露的红色土壤形成对比鲜明的色彩斑块，重现了农耕文化中的质朴和生机。

法国波尔多植物园在景观建设中另辟蹊径，景观成为一种独特的文化遗产。在植物的选择上，基于植物应用的多样性精心选择了本地区的代表性经济类作物。植物园内的农耕园将田地空间分成了6行44个单元区块，各类农作物分别种植其间，农耕园的田地仿佛季节性农作物的一块五彩斑斓的画布，随着四季的更迭，田间景致各异，构成一张不断变化的色彩丰富的块面网络，体现出浓厚的地域性农耕文化。每个单元区块的草坪和蓄水池之间还有序排列了一块块踏脚石，踩着踏石穿行于不同的种植区块内，仿佛是跟随着当年勤劳勇敢的农耕者在田间劳作耕耘之时留下的足迹，这是对于当地犁耕文化和灌溉文化的再现。

在植物园的具体建设中，地域性特征的塑造要建立起科学的景观表达体系，在调研分析的基础上先确定基址内需要保留的信息和地面肌理，得到现状层面规划图，再将社会层面、生态层面、文化层面、视觉层面等的规划图进行叠加。在新时期背景下，自然地理和是人文历史层面地域性特征塑造在理念和方法上都应进行新的调整：

（1）在对自然地理特色的挖掘中，对于场地的原始特征给予充分的尊重是设计师必须遵从的原则。场地的天然形态才是地域自然特性最真实、最朴素的展现，因而必须抱着审慎的态度，尽量避免对地形构造和地表肌理的破坏，最低限度的人为干预才能体现场地对于大自然的应答。然而在建设过程中，常常不能理想化地实现对原始地形地貌的绝对利用，一些现状条件给植物园建设理念的表达和具体工程实施带来较大的负面影响，当必须加以改造重塑时，比较合理的做法是以现代化的设计手法和施工手段对原场地的自然地理特征要素进行模仿与转换。

（2）风景园林文化的本质特征在于反映人们对地域性自然特征的总的认识，尤其是自然景观的合理利用与安排方式，从新的角度展现了地域性自然景观的独特魅力。近年来由于自然环境的逐步恶化，面对人与自然之间日益突出的矛盾，人们将目光聚焦在生态环境保护的议题上。因而在地域文化特色的诠释上，相比基于经济社会等人文层面的文化，生态保护的主题更加受到关注。现代植物园应试图从田园风光、水利工程、民俗风情、地方特产中，寻求现在或过去当地居民合理地改造和利用自然的方式。需要注意的是，这类景观应是以遵循自然规律为基础的、人类在生存发展中对于自然长期改造与利用的结果，并非随心所欲的破坏行为。通过将地域文化的肌理层次、生态层次、社会层次相结合进行植物园建造，不仅能满足人们的游憩娱乐的精神文化需求，还能在与自然的亲密接触中加深对人与自然相互关系的认识，增强生态环保意识。

(三) 景观解释体系的发展完善

植物园解释体系是指运用某种载体适当地表达和解释植物园相关主题的信息，使公众对于植物相关的知识能有更好的认知与理解，从而实现植物园科普教育的基本功能。植物园需要制订合理的植物园解释体系，应基于解说系统的理论基础上将景观解释系统纳入规划范畴的解释体系，充分引导人们主动积极地参与进科普活动，激发参观者的求知欲与好奇心，才能在游客与植物的科学世界之间搭起沟通互动的桥梁。

人们体验美好景观的过程与阅读一篇隽永的散文一样，都会对其中的美产生感知并获得独特的审美体验。景观叙事就是以某种特定的景观文化理念为指引，借助于景观空间的构架并以时间延展的方式所呈现出来的景观叙事方式。景观不仅仅是作为某一个故事的背景和载体而存在，景观的本身即是一个持续变化着、包含多层次多角度的内容景象的故事。在植物园的规划营造中，通过时空序列架构下的重新编排，丰富的山水地貌、植物景观以及其他建筑小品等物质元素从抽象的物质空间维度进入具有生命质感的景观叙事世界，人们通过各项感官去参与和体验，对景观中所承载的科学信息和历史文化内涵便有了更加直观的感受。现代植物园在叙事性景观营造方面开展了诸多实践，积累了颇多成功经验。

1. 科学主题的叙事——时与空的交汇

传统的植物园科普教育模式存在诸多问题，譬如植物解说牌过于传统老旧，人工解说过于乏味，科普形式多样化不足等等。近年来，一些优秀的植物园向我们提供了通过叙事性的景观有效地宣传普及植物知识和环保意识的成功范例。

新加坡植物园中的进化园占地面积仅 1.5 公顷，在这有限的区域中却向游客生动地讲述了地球上的植物几十亿年来的进化过程，展示了地球如何从一个荒凉炎热的火球一步步进化演变成如今这个孕育和繁衍了万千生物的美丽家园。

在进化园的入口花园，场地中央的是由若干个树木化石和菊石化石组合而成的巨型柱阵。这些古老的化石孤独地矗立在棕黄色石材铺设的圆形场地中，瞬间将游客带入地球初生时荒凉而沉寂的远古时代。设计师巧妙地通过堆叠的岩石、溪流、凌乱的树桩来模拟46亿年前熔浆四溢、毒气笼罩、炙热无比的地球；随着游线前进，池边岩石的缝隙中开始出现碧绿的苔藓和地钱，水陆之间的过渡地带是蔓延着大面积绿色苔藓的岩石，象征着泥盆纪时期苔藓植物的出现和植物在陆地上开始繁衍生长。随后，植物景观按照从苔藓植物到蕨类植物再到苏铁类、松柏类、针叶类植物的演变顺序不断变换，这些最古老的植物物种向游客一一展示了从泥盆纪到白垩纪各个时期最具代表性的植物景观。同时，人行道上出现了一些深深浅浅的“动物足迹”。这些形态各异的人工化“动物足迹”生动有趣地展示了从两栖类动物到爬行类动物再到哺乳动物的逐步演化。接近游线的尾声时，植物景观变得愈加繁茂起来，设计师用一个花团锦簇、草木丰茂的花园象征着植物界最高级别的种类——被子植物的出现和繁荣。游线最后是一个小型的热带雨林，参天蔽日的大树和层次丰富的灌木、草本植物充满了盎然生机，与入口的荒芜贫瘠形成了鲜明的对比。

这条仅约15分钟的旅程向人们清晰地描述了地球生命的起源和演变。各类植物、岩石、溪流和“动物的足迹”成为无声的讲述者，当游客站在进化园最后的热带雨林区域中时，都会不禁赞叹生命的神奇与珍贵，同时也开始反思人类无尽索取和肆意破坏的行为是多么残忍，进而增强爱护地球、保护自然生态环境的意识。在这里时间叙事要素与空间景观的表达相互交融，对历史、生命、自然以及宇宙的理解与感悟更具深度和层次，呈现更加引人深思的景观叙事世界。

2. 文化主题的叙事——景与情的交融

文化主题性景观在叙事性景观中融入了文化和记忆，将历史事件、地域文化等以景观为载体一一铺展浮现。这些景观成功吸引了游客的注意力，并激发起他们在植物园中进一步学习和探索的好奇心，植物园的科学性和艺术性也有效地呈现出来。

在“伊甸园工程”的巨大温室中，在以展示经济作物栽培历史为主题的游览路径上，一艘名为“香料之船”的货船模型伫立在路的中央，抽屉里放满各种各样的香料植物。结合文字解释讲述了香料植物背后一系列戏剧性的历史故事：哥伦布为寻找东印度和胡椒才一路航行发现了美洲大陆；小东印度岛上宝贵的肉豆蔻引发了荷兰人和英国人在17世纪的血腥战争；黑死病在14世纪通过中亚香料之路传入欧洲等。园路边是木结构的传统马来西亚民居建筑，屋外悬挂着黑色橡胶轮胎，在屋后的花园种植着甘蔗、橡胶树等经济作物和杨桃、长豆等蔬菜水果。这些极具代表性的景观元素重现了大航海时期殖民地区繁荣的贸易景象，展示出经济作物的对于人类发展的巨大贡献，以及在世界的发展演变中扮演的重要角色。在地中海生态展示区，一组名为"酒神的仪式"的雕塑作品通过葡萄树、藤蔓、狂野的公牛、舞蹈的人以及发声的喇叭装置等，再现了古希腊神话中酒神的神话故事，展现出人与自然宇宙万物的融合共生，启发人们要尊重自然规律，维系人类社会与自然世界的平衡关系。

在历史悠久的美国密苏里植物园中，桃瑞丝·史努克儿童花园为这座古老的植物园增添了盎然生趣。设计师在花园中为孩子们设置了不同主题的植物探险路线，其中的"开拓者之路"（Settler' s Path）将植物造景与人工的建筑及景观小品作为叙事的线索和背景，向孩子们讲述了先民们发现和开拓美国新大陆并且在这块神奇的土地上发展出繁荣种植业经济的历史历程：以印第安原始部落时代的巨石堆和各类沙生植物展现了美洲新大陆开拓伊始蒙昧而原始的自然状态；一个名为"浪花"的椭圆形水塘象征世界航海时代的开辟，同时池塘作为湿生植物园展示了良好的水生生态环境；三座用于陈列植物标本及历史资料的历史建筑分别模拟了杂货店、勘探者办公室和市政厅；最后在"美味的花园"景点中，色彩丰富的各类蔬果植物和经济作物有序地种植在方形园地中，形成缤纷的几何式色彩斑块，规则式的种植布局是对种植田的模仿和再现，使人们追忆起先民们在这片土地上开启农业种植的奋斗历史。同时，蔬果采摘和户外厨房等相关活动也在这里开展。形态各异的植物和丰富的自然生境赋予了景观多变的情感色彩，从荒芜到新生再到逐渐发展繁荣，植物景观代替解说者将美洲新大陆开辟的历史栩栩如生地呈现出来，结合相关科普园艺活动，帮助人们在有趣的探索中潜移默化地完成了植物认知。

新时期植物园新型景观解释体系的建立，体现出现代城市公园从观光型向参与体验型的发展，并且在此基础上与科普教育认知活动相互渗透。这些或自然景致优美、或独具历史人文特色、或饱含时代特殊记忆的景观形成了多层次、多样化的景观解释体系，人们运用多重感官进行全方位的景观感知，在丰富多样的游憩体验中接受植物相关科普教育，对人与自然的关系有了更全面和理性的认识，也增强了合理使用自然资源、保护美好生态环境的意识。当参观者进入这样的景观氛围，所体验到的叙事景观的含义是直接而又微妙的。设计者以“故事”为基本线索来组织空间结构，同时景观空间也对“故事”的时间、过程、记忆和体验进行积极的回应，通过这个持续变化着的动态过程，景观空间与事件本身共同完成了叙事的过程。景观空间的尺度是如同史诗般宏大的，它如同一把诱导观者去解读和探索的钥匙，使人们以故事的形式理解景观。因而在现代植物园的解释体系建设中，具象化与叙事性需要需要依托丰富的植物主题景观空间设计，并与游客的认知过程、参观过程保持一致。

四、生态主义的价值体现

近年来，席卷全球的生态主义使人们从全更加科学的角度审视景观行业，景观设计师也开始将个人使命与整个地球生态环境系统联系起来。恢复生态学、景观生态学、保护生物学等生态学理念已经开始逐步影响着现代植物园的规划和发展。植物园在其科学内涵的体现上不再拘泥于物种收集和驯化引种，在园区景观设计上也不仅仅满足于类似普通公园绿地空间的偏重视觉美感景观的塑造，而是运用先进的生态理念和一系列前沿的生态技术指导植物园建设，赋予其新的生态价值，促进形成新时期人与自然之间可持续发展的平衡关系。

(一) 生态环境的修复与重塑

现代植物园通过对植物生态价值的挖掘，结合一系列前沿生态工程技术，在包括采矿坑、林区、湿地等生态环境恶化的基地中，逐步实现生态恢复，通过多学科交叉合作，将植物园的科学属性从植物物种的相关科学研究扩展到更广范围的整体生态格局层面，同时也提升了科普教育的层次，营造出丰富的游憩体验。

位于英国康沃尔郡的“伊甸园工程”被誉为废墟上重生的奇迹。伊甸园以“人与植物共生共融”主题，以展示植物与人的关系以及人类如何依靠植物进行可持续发展为主旨，综合运用各类高科技手段建立起一个现代生态植物景观主题公园。伊甸园原基址是康沃尔郡的一处废弃多年的陶锡矿坑，旧工业留下了严重的土壤污染问题，生态条件十分恶劣。在建筑与景观的营造上，设计师运用大量生态手段解决了诸多技术问题：在土壤表面罩上网织物和编物并以植物覆盖，使疏松的陶土材料变得稳固；矿坑的地下水通过洼槽收集抽走或用作灌溉；基址内的矿渣、混合沙以及废弃物混合加工制造土壤，森林的树皮被用于制作室内土壤的有机成分，或被合成营养物质丰富的绿色室外肥料，从而在原址上开发出了即使在正常地质作用下也要花费数百年才能形成的8.5万吨肥沃的土壤，为生态环境的恢复创造了极佳的土壤条件。主体温室建筑完全覆盖了原基地内的巨型矿坑。8个未来主义风格的巨型蜂巢式弯顶建筑坐落其上，建筑的双层圆球网壳状弯顶使用新型生态材料构成外覆不锈钢板的六边形热塑性薄膜。建筑群以每组4座弯顶相连的形式组合成两个综合场馆，分别作为“热带雨林植物馆”和“暖温带植物馆”，馆外的露天区域是自然的“凉爽气候馆”。作为世界上最大的巨型温室，伊甸园项目不仅是后工业时代环境恢复再生的典范，生物多样性在此得到全面有效的保护。对土壤和植被的恢复使此地的生物群落得到重建，三部分馆区分别栽植着三种不同气候下特殊的植物群落，汇集了几乎全球的所有植物种类，包括超过4500种、约13.5万株植物在此自由地生长。这些精心挑选的植物有效地调节了室内气候，针对不同生态区环境还放养了大量的鸟类、昆虫和爬行动物，多个生态系统在这里形成了较为完整和稳定的生态环境。

美国休斯顿植物园处于墨西哥平原沿海生态范围，是当地用于为原生动植物提供庇护所的重要地区性资源。近年来，休斯顿地区的飓风、干旱等极端天气的频繁侵袭给这片区域的生态环境带来了破坏性的影响，极高的树冠死亡率和外来物种的侵袭威胁着生态环境的安全。在荒废林区的景观生态修复工作中，通过对基地土壤、微地形、水文的生态取证，分析研究地质状况、排水方式和植被生长的关系。在保持基地空间原貌和维护现实生态系统的基础上，借助人工化、低干扰的景观手段对危及植物生长的粉质粘土和排水不佳的区域进行修复改造。例如收集原基址内的残枝败叶利用于新生植物的保湿以及为干旱退化的土壤提供有机物质；移除场地的外来入侵植被，加强保护本地的植被品种并进行合理的补植，以对植物多样性的修复来重塑野生动物栖息环境；在排水不佳的凹陷地区建起架高的木栈道，不仅解决了排水问题，还保护了下层林地和低洼地区的植被，同时也为游客提供了在高处俯瞰水牛河景观的新鲜视角。设计团队针对不同区域的植被数据和生态适应性确定了每个潜在的景观类型，最终在整个区域形成了多元化的生态肌理，呈现一种马赛克式分布的生态系统布局，形成了一个对生态变化具有可持续的、高效的恢复能力的系统。

杭州西溪湿地植物园利用宅基地、撂荒地的生态修复，促进了植物园功能性和生态性的统一。西溪湿地原为水产品供应基地，遍布大小的鱼塘和河港，因城市化建设的影响，内部自然环境逐渐遭到破坏，水质污染严重、动物的生态栖息地环境恶化。在西溪湿地保护工程中，西溪湿地植物园作为生态保育区内的示范性基地，采取了一系列有机更新和生态修复工程来恢复生态环境。

生态修复区域是以基塘系统为骨架来组织生态群落，包括湿地植物群落综合展示区、水生花园、湿地经济植物展示区和湿地植物单品种展示区。主要采取了以下具体恢复措施：1. 通连外部水系、河道疏浚，恢复贯通鱼塘间水文联系；2. 通过科学配水，实行动态监测，保证西溪湿地保护的生态用水和常年水质；3. 种植荷花、菱角等各类水生植物，同时科学放养鱼苗，改善水生生态系统；4. 采用泥筑驳坎、插柳固堤、捻泥清淤，对塘堤及大树根基进行加固保护；5. 通过截污纳管、固废收集、改变燃料结构等办法，降低人类活动对湿地水质和环境造成的影响。

在最主要的湿地植物群落综合展示区中，设计团队将原场地大量废弃的农居进行拆迁清理，将原场地破碎的鱼塘相互沟通营造出连续的大片滩地，以浓缩的形式塑造出典型的湿地生态系统，同时按不同的主题培育湿地植物，分别设置了生物多样性展示区、湿地林区、湿地灌丛区、沉水植物区、珍稀水生物种区等。在鱼塘连通后形成的开阔水体中，通过地形塑造营造了堤、岛和滩涂，为多种水生植物群落的生长提供了适宜的生态环境。在水生花园区域的生态恢复中，设计团队除了对水生植物进行补植外，在其外围通过利用废弃的鱼塘埂恢复了大面积芦、荻等西溪特色植物，为鸟类创造了一个极佳的栖息地环境，展现出荻花胜雪的西溪胜景。一系列的生物恢复工程措施，使植物园的水质得到明显改善，整体基本由劣五类、五类水体转变为四类水体，鸟类栖息地得到了恢复和重建。此外，设计团队结合植物群落和水体又建设了观鸟区、科普园、科技驿站等科普设施供游客学习和游憩。

（二）可持续发展理念的实践

可持续发展是指在不断提高人们生活质量和环境承载能力的同时，既满足人们当前生活的需要，又不损害下一代生存和发展的需要，以最小的自然消耗取得最大的社会效益和经济效益。近年来，在风景园林建设发展中，“节约型园林”的建设越来越受到关注。“节约型园林”将有限的资源合理循环利用，从规划到施工、养护等各个环节最大限度地减少能源消耗，提高资源利用率，从而获得最大的生态和社会的综合效益。“节约型园林”理念在植物园中的运用是其的科学价值及科普科教职能的体现。在现今国内外优秀植物园的大量实例中，在建筑及其他景观小品上运用的一系列先进的生态工程技术使植物园的可持续发展得到充分的落实。

美国布鲁克林植物园中的游客中心建筑体现了现代建筑工程技术与景观园艺设计完美融合，不仅坚持了可持续的生态理念，还重新界定了游客与植物园、展示与科教文化之间的关系。游客中心建筑坐落于布鲁克林植物园东北角，面对华盛顿大街，因而承担着城市与自然之间纽带的作用。设计师利用25英尺高的护堤将原场地中一片银杏林坡地进行围合，以此作为建筑翠绿的背景墙。建筑的屋顶和外墙面顺沿着这块坡地的弧度进行建造，流线式的外形结构与绿色的坡地和谐而统一。建筑将绿色屋顶、生物洼地、生物渗透池和雨水花园等部分以景观化的手法融为一个整体，形成了一个自我管理的雨水系统。通过地形的重塑设计将护堤坡地上的雨水向绿色屋顶汇集，分层台地式的生物渗透池对雨水进行逐层的吸纳和过滤，直到最后汇入下层的雨水花园中并继续净化过滤，最后被重新利用于花园的灌溉。设计师还针对不同类型喜水植物的生长要求，对土壤及其剖面被进行加工设计，从高地植被和园艺底土到低地生物渗透和结构性土壤，满足了每一种植物群落的生长标准。设计师将雨水管理和土壤修复工程相互配合，形成科学有效的生态体系，有效地降低了城市的热岛效应，并且为城市的雨洪管道系统缓解了压力。

此外，建筑的玻璃幕墙进行了烧釉处理，在提供了良好的自然采光的同时，最大限度地减少了热量的吸收，降低了室内冷却系统的使用量。原场地中古老的银杏树林被最大限度地移植保留下来，被迫砍伐的树木也被重新加工利用在建筑的室内装饰中。布鲁克林植物园游客中心的设计从各个细节上都充分体现了生态可持续性，显示“人类与自然共存而非征服自然”的核心理念，向游客们提供了一个了解生态设计的绝佳场所。

在密苏里植物园中，达纳布朗过夜中心（Dana Brown Overnight Center）是供当地学校师生进行野外植物实地调查时留宿使用的教育基地。中心内的建筑原本是几座较为简陋的小木屋和谷仓，在2003年的拆除重建后，取而代之的是一座充满历史感的梁柱结构建筑。在这次的重建项目中，新建筑主体的木材是从保护区方圆100英里范围内的各个地点回收而来的废弃木料。建筑修复过程中还用到了很多其他的回收材料，如利用老冰厂提供的废弃砖石来铺设园路；从拆卸的弹药箱、学校的木制露天看台甚至药店的废弃木货架中回收木材，重新加工后使用在建筑室内的木地板；在这次修复项目中因扩建而伐除的树木也重新利用在建筑之中。此外，建筑内部的浴室还使用了一种浸没流人工湿地处理系统（Submerged Flow Wetland Treatment System ），用于取代之前的直接运用水生植物进行过滤处理的传统方法。这套全新的人工废水处理系统不仅更加环保高效，还保护了水生植物的生态稳定性。

第五章

植物造景设计概述

植物造景设计是一门研究环境树木、花卉等特性以及造景设计的基本理论与应用技艺的学科，属应用型学科，是环境艺术专业学生必修专业课之一。

追寻自然、崇尚自然、引入自然，并回归自然、保护自然、再创自然，这已成为现代园林发展的趋势。在这种趋势的影响下，植物作为造园的一种素材被重视并大力推广。利用植物来创造优美的景观，改善人类居住环境，满足人类对生活美、自然美、艺术美的追求，使人与自然和谐共生、发展，这就是植物造景设计的重要意义。

第一节　植物造景设计的概念及任务

一、植物造景设计的概念

植物造景设计就是运用园林植物素材，如乔木、灌木、藤本以及草本植物等，遵循一定的设计原则，综合考虑各种生态因子的作用，同时注重与周围环境相协调，充分发挥植物本身的形态、线条、色彩等自然美来创造优美的园林风景。

园林植物造景设计是园林绿化以及园林景观营造的基础。它是根据园林布局或空间整体规划的要求，对植物进行合理配置，综合了美学、生态学以及经济学等各方面，使植物能发挥它们的园林功能，充分展示它们的观赏特性，有效地进行环境的美化与绿化。在造景设计中，植物作为造景的基础材料和基础单元，正如同颜料之于画布，如何配置才能最合理、最美观、最经济并达到整体空间的规划要求，这需要从各环节做大量细致的工作。法国、意大利、荷兰等国的古典园林中，植物景观多半是规则式。究其根源，主要始于体现人类征服一切的思想，植物被整形修剪成各种几何形体及鸟兽形体，以体现植物也服从人们的意志。当然，在总体布局上，这些规则式的植物景观与规则式建筑的线条、外形乃至体量较协调一致，有很高的人工美的艺术价值。如用欧洲紫杉修剪成又高又厚的绿墙，与古城堡的城墙非常协调；植于长方形水池四角的植物也常被修剪成正方形或长方形体；锦熟黄杨常被剪成各种模纹或成片的绿毯；尖塔形的欧洲紫杉植于教堂四周；甚至一些行道树的树冠都被剪成几何形体。规则式的植物景观具有庄严、肃穆的气氛，常给人以雄伟的气魄感。另一种则是自然式的植物景观，模拟自然森林、草原、草甸、沼泽等景观及农村田园风光，结合地形、水体、道路来组织植物景观，以便进行从宏观的季相变化到枝、叶、花、果、刺等细致的观赏，以体现植物自然的个体美及群体美。自然式的植物景观容易体现宁静、深远、活泼的气氛。如今，人们的审美修养不断提高，不愿再将大笔金钱浪费在养护管理整形的植物景观上，人们向往自然，追求丰富多彩、变化无穷的植物美，于是，在植物造景中提倡自然美，创造自然的植物景观已成为新的潮流。

二、植物造景设计的任务

植物除了能创造优美舒适的环境，更重要的是能创造适合于人类生存所要求的生态环境。随着世界人口密度加大，工业飞速发展，人类赖以生存的生态环境日趋恶化，工业所产生的废气、废水、废渣污染环境，酸雨时有发生，危及人类的温室效应并造成了很多反常的气候。人们不禁惊呼，如果再破坏植物资源，必将自己毁灭自己，只有重视和保护环境，才能拯救自己。为此，人们对园林这一概念已不仅是局限在一个公园或风景点中，有些国家从国土规划就开始注重植物景观了。

一些新城镇建立之前，先在四周营造大片森林，如山毛榉林、桦木林等，创造良好的生态环境，然后在新城镇附近及中心重点美化。英国在规划高速公路时，需先由风景设计师确定线路，采用蜿蜒曲折、波状起伏的线路，前方常有美丽的植物景观。司机开车时，车移景异，一路上有景可赏，不易疲劳。高速公路两旁结合保护自然资源，植有20余米宽的林带，使野生小动物及植物有生存之处。

所以，植物造景设计的任务不仅仅是创造优美的自然景观，还在于创造良好的生态环境。

第二节　国内外植物造型设计概况

现代园林的概念和起始时间一直是大家关心的问题。在园林界常遇到两种意见：一种是以美国公园运动的兴起为标志，并把奥姆斯特德（F・L・Olmsted，1822—1903）尊称为现代园林之父；另一种认为经历了“现代运动”之后，伴随着现代绘画、现代雕塑和现代建筑的兴起而产生的新园林才是现代园林。尽管这两种观点在现代园林的起始时间上并不一致，但有一点是相同的，他们都考虑了现代社会对园林发展的影响。实际上，现代科学、现代艺术或现代生活的发展并不完全同步，因此，把现代园林作为一个逐渐形成的概念，与此相对应的植物造景设计也应该有这样一个变化的过程，较早是生态学和植物学的引入，使造景材料的选择和造景设计的形式与结构发生了一定的变化；然后是受现代艺术、功能主义等影响，植物造景的形式与结构发生了更为深刻的变革；审美意境的重视程度在近百余年的历史上此起彼伏，而在20世纪70年代以后明显得到了更多的推崇。由于园林是一门综合性和应用性学科，所以现代园林植物造景设计的发展始终与其他有关学科的发展紧密相连，并表现出理论和实践相互促进的特点。

一、中国古典园林植物造景设计

我国古典园林的主要特点是借鉴自然，以多姿多彩的自然地貌为蓝本，尊重自然、与自然相亲相近，即所谓“以真为假”来塑造园林地貌，而且要继承我国传统的筑山理水手法，“做假成真”，使园林地貌出于自然又高于自然。通过巧妙绝笔的抑景、添景、夹景、对景、框景、漏景、点景、借景等造景手法，融情于景，构思新颖，让人们觉得有种“虽由人作，宛自天开”的艺术效果。

园林植物造景设计是天巧与人工的合一。一方面，它以植物体有生命的自然物为对象，必须考虑生态特点、植物特征、季节变化等自然因素；另一方面，是为人营造一种理想的人居环境，它也必然反映人的要求、人的情感和人的理想。因此，园林植物造景设计要同时处理好两方面的关系：一是与自然的关系，二是与社会文化的关系。

我国古典园林植物造景设计是中国古代文化思想以及中国人的自然观和社会观的折射和反映。我国古典园林造景主要是受三种意识形态的影响：一是“天人合一”的思想，二是“君子比德”的思想，三是“神仙”思想。

“天人合一”既要利用大自然的各种资源使其造福人类，又要尊重大自然、保护大自然及其生态。古人认为“人”和“天”存在着一种有机联系，强调人与自然的和谐统一。“天人合一”的思想直接影响了传统园林的植物造景设计。在理景原则上，它表现为植物造景尊重自然，并通过创造一种“人化自然”，把自然环境、园林景观和人的生活融为有机整体；在理景手法上，它以“源于自然，高于自然”的植物造景理法，把“天巧”和“人工”巧妙地结合起来；在形式上，植物造景设计注重自然美和艺术文化美的融合。可以说，“天人合一”思想是我国传统园林设计的根本理念，它贯穿于植物造景设计的始终。

“君子比德”思想源于先秦儒家文化，从功利、伦理道德的角度认识大自然。表现在植物造景设计上，主要是运用园林植物景观的意境美，以柳比女性、比柔情，以花比美貌，以松、柏、梅比坚贞、比意志，以竹比清高、比节操；四时造景，用花卉有春桃、夏荷、秋菊、冬梅的造景手法，用树木有春柳、夏槐、秋枫、冬柏的造景手法，如柳浪闻莺、曲院风荷等；以松、竹、梅表岁寒三友，梅、兰、竹、菊表四君子，兰被认为最雅，紫荆表兄弟和睦，含笑表情深，木棉表英雄，牡丹因花大艳丽表富贵，白杨萧萧表惆怅伤感，翠柳依依表情意绵绵。古人经常把玉兰、海棠、迎春、牡丹、桂花组合在一起进行植物造景，寓意“玉堂春富贵”。

“神仙”思想产生于周末，盛行于秦汉，是原始的神灵、山岳崇拜与道家的老子、庄子学说的混合产物。我国的神仙文化深深地扎根在民间，渗透于社会生活的方方面面，在民间发挥着深远的影响，并通过各种民间信仰和风俗活动直接体现出来。另一方面，“神仙”思想又向艺术创作渗透，给我国的艺术文化提供了非凡的想象空间，从史传文学、诗赋散文、绘画、音乐到建筑、雕塑、工艺美术等皆能看到其若隐若现的影子。我国古典园林作为中国传统艺术的奇葩，从一开始就与我国的“神仙”文化结下了不解之缘，从周文王的灵台灵囿到秦始皇的阿房宫，再到汉武帝的上林苑，神仙传说始终在皇家园林的建设中占有不可或缺的地位。传说东海有仙山三座，为蓬莱、方丈、瀛洲，古人园林造景会有意在池中堆砌三座假山，以示东海仙境，即所谓“一池三山”的造景手法。

二、中国园林植物造景设计的现状

植物景观既能创造优美的环境，又能改善人类赖以生存的生态环境，对于这一点是公认而没有异议的。然而在现实中往往有两种观点和做法存在，一种是重园林建筑、假山、雕塑、喷泉、广场等，而轻视植物。这在园林建设投资的比例及设计中屡见不鲜。更有甚者，某些偏激者认为我国传统的古典园林是写意自然山水园，山水便是园林的骨架，挖湖堆山理所当然，植物只是毛发而已。

仔细分析我国古典园林，尤其是私人宅园中各园林因素比例的形成是有其历史原因的。私人宅园的面积较小，园主人往往是一家一户的大家庭，需要大量居室、客厅、书房等，因此常常以建筑来划分园林空间，建筑比例当然很大。园中造景及赏景的标准常重意境，不求实际比例，着力画意，常以一亭一木、一石一草构图，一方叠石代巍峨高山，一泓水示江河湖泊，室内案头置以盆景玩赏，再现咫尺山林。植物景观的欣赏常以个体美及人格化含义为主，如松、竹、梅为岁寒三友；梅、兰、竹、菊喻四君子；玉兰、海棠、牡丹、桂花示玉棠富责等。因此植物种类用量都很少。这固然满足了一家一户的需要，但不是当今园林中植物造景的方向。

如今，人口密度、经济建设、环境条件甚至人们的爱好与古代相比已相去甚远，故我们园林建设中除应保留古典园林中一些园林艺术的精华部分，还需提倡和发扬符合时代潮流的植物造景内容。某些人在园林建设中急于求成，植物需要较长时间的生长才见效，而挖湖堆山、叠石筑路，营造亭、台、楼、阁则见效快，由此也助长了轻植物的倾向，使本来就很有限的绿地面积得不到充分利用。更有甚者，有的在真山上叠假山，假山越叠越高，叠得收不住顶；有的将不同质地及颜色的石料犬牙交错、粗糙地堆砌在一起，犹如刀山剑树。遗憾的是，有些中华人民共和国成立后才建起来的植物景观比例较大的新公园，也在这股风气中大兴土木，筑台建亭，而且建筑体量越来越大，将本来的单体建筑扩大到建筑群，减少了绿地面积。最不能容忍的是，在景点周围随意建造大体量的高层建筑，以致破坏了园林景观。近年来兴起喷泉，有的追求喷得高，有的乱择地点，竟然在原来景观很好的湖中设喷泉，破坏了湖中倒影美景。

另一种观点是提倡园林建设中应以植物景观为主。认为植物景观最优美，是具有生命的画面，而且投资少。自我国对外开放政策实施后，很多人有机会了解西方国家园林建设中植物景观的水平，深感仅依靠我国原有传统的古典园林已满足不了当前游人游赏及改善环境生态效应的需要了。因此在园林建设中已有不少有识之士呼吁要重视植物景观。植物造景的观点越来越为人们所接受。近年来，不少地方园林单位积极营造森林公园，有的已开始尝试植物群落设计。相应的部门也纷纷成立了自然保护区、风景区。另一方面，园林工作者与环保工作者相互协作，对植物抗污、吸毒及改善环境的功能做了大量的研究，但与国外园林水平相比，还存在着较大的差距。

首先，我国园林中用在植物造景上的植物种类很贫乏。如国外公园中观赏植物种类近千种，而我国广州也仅用了300多种，杭州、上海用了200余种，北京用了100余种，兰州不足百种。我国植物园中所收集的活植物没有超过5000种的，这与我国资源大国的地位是极不相称的。难怪一些外国园林专家在撰写中国园林时对我国园林工作者置丰富多彩的野生园林植物资源而不用，感到迷惑不解。

其次，我国观赏园艺水平较低，尤其体现在育种及栽培养护水平上。一些以我国为分布中心的花卉，如杜鹃、报春、山茶、丁香、百合、月季、翠菊等，不但没有加以很好的利用，育出优良的栽培变种，有的反而退化得不宜再用了。

最后，在植物造景的科学性和艺术性上也相差甚远。我们不能满足于现有传统的植物种类及配置方式，应向植物分类、植物生态、地植物学等学科学习和借鉴，增强植物造景的科学性。

三、国外植物造景设计发展动态

18世纪60年代，以英国为首的西方国家开始了工业革命，城市化进程迅速加快。1800年，世界城市人口只占总人口的3%，1900年已达13.6%，

而1925年这个数字上升到21%。城市的快速发展繁荣了经济，促进了文化事业的进步，同时也带来了大量的社会和环境问题。同时期，生物学、博物学等学科迅速崛起，大机器生产对传统手工业和工艺产生了巨大的冲击，人们面临一个新的世界。在问题和科学技术的双重催生下，19世纪初开始出现了包括植物造景设计在内的一系列新思想和新方法，导致了传统园林植物造景的部分变革。

18世纪中叶，现代城市公园开始产生。起先是部分私家园林对公众的开放，而后开始有新建的公园，如在1804年出现了德国设计师斯开尔在德国慕尼黑设计的面积达366平方千米的“英国园”。1854年，奥姆斯特德主持设计了纽约中央公园。

此后在美国掀起了一场声势浩大的公园运动，并逐渐影响了世界各地。这个时期园林植物造景设计形式上虽然主要是沿袭自然式风景园的外貌，但在设计思想和植物群落结构上明显有了更多的生态意识和相应的措施。考虑城市化带来的原生态植被的急剧退化，延斯·延森等一些美国景观设计师从19世纪末就开始尝试在花园设计中直接从乡间移来普通野花和灌木进行植物造景设计；1917年，受中西部草原派设计和现代生态学思想的影响，美国景观设计师弗莱克·阿尔伯特·沃提出了将本土物种同其他常见植物一起结合自然环境中的土壤、气候、湿度等条件进行实际应用的理念；荷兰生物学家缔济也从20世纪20年代起就开始了自然生态园的研究和实践；荷兰的一些生物学家还在布罗克辛建造了一座试验性生态园，一座试图让植被自然发育的园林；伦敦的威廉·柯缔斯生态公园则建在建筑密集的住宅区里，该园尝试着观察在城市环境下动植物的生长。

19世纪末和20世纪初，园林植物造景在形式上有了一系列有意义的探索。如英国园林设计师鲁滨逊主张简化烦琐的维多利亚花园，满足植物的生态习性，任其自然生长；英国园艺学家杰基尔和路特恩斯强调从大自然中获取灵感，并大力提倡以规则式为结构，以自然植物为内容的布置方式；新艺术运动中的重要成员、德国建筑师莱乌格主张抛弃风景的形式，把园林作为空间艺术来理解等。尽管因为社会的发展未到一定阶段或由于植物造景设计在当时只被看成是一种园艺或生态环境，这些变革在当时还没有形成燎原之势，但他们的努力为其后园林形式上的革新做了必要的准备。随着现代艺术、现代雕塑和现代建筑在革新上的巨大成功和广泛影响，1930年前后，园林设计也终于发生了显著的变化。首先是实践上的突破，如在巴黎“现代工艺美术展”上展出的“光与水庭院”、建在美国西部的“公共图书馆露天剧场”和“蓝色的阶梯”等明显受到了现代艺术的影响，开始用抽象艺术的方法进行植物造景设计；其后，陆续有理论上的总结与研究。虽然在我们阅读过的文献里，将近百来年园林植物造景设计发展作为一个专题进行系统研究的论文并不多，但以园林植物造景设计为主题并明显带有现代研究思想的论著却并不少见。与此同时，许多设计师在介绍他们的设计项目或思想的时候，对植物造景设计的理论与方法也经常进行讨论。如艾克博针对当时植物空间设计很少考虑使用功能的状况提出了自己的见解，即“有必要把它们(植物)从团块里分出来，根据不同的使用目的、环境、地形和场地内已有的元素而安排成不同的形状。所采用的技术将会比传统的设计更复杂，但是，我们因此而获得了有机组织的空间，人们可以在那里生活和娱乐，而不只是站立和观看”。这些文章所论及的思想和方法展示了现代园林植物造景设计和与时俱进的轨迹，伟大的创意和解决问题的能力，是留给人类的一笔宝贵财富。

20世纪40—60年代是建筑上现代主义的黄金时代。植物造景设计虽然没有狂热的追随，但布雷·马科斯、托马斯·丘奇等大师在园林设计形式和功能上的革新却明显受到现代建筑的影响，带有现代主义的特征。20世纪70年代，随着环境运动的诞生，生态问题成了社会关注的焦点，“保护和凝聚，保护和过程占据了统治地位”。受景观设计师伊恩·麦克哈格著作《设计结合自然》的影响，植物造景设计开始更多地关注保护和改善环境的问题。几乎与此同时，随着后现代主义的兴起，文化又重新得到重视，玛莎·施瓦茨的城堡广场、G. Clement 和 A. Provost 等人的巴黎雪铁龙公园的植物造景设计明显具有了更多文化的意味。20世纪80年代以后，整个社会开始意识到科学与艺术结合的重要性与必要性，植物造景设计在创作和研究上也反映出更多“综合”的倾向。如 *Planting Design: A Manual of Theory and Practice Planting the Landscape* 等著作的共同特点是强调功能、景观与生态环境相结合。

第三节　植物造景设计的功能

园林让生活更美好，而植物是园林设计最重要的元素，它会带来社会、环境和经济方面的各种效益。植物造景设计的功能大致可分为6个方面：生态功能、美化功能、实用功能、情感功能、商业功能、其他功能。

一、生态功能

植物造景设计的生态功能有：保护、改善环境，环境监测，环境指示。

（一）保护和改善环境

植物保护和改善环境的功能主要表现在作为城市的“肺脏”、调节温度、调节湿度、净化空气、杀死病菌、净化污水、净化土壤、通风防风、减低噪声等多个方面。

1. 城市的“肺脏”

通常情况下，大气中的二氧化碳含量为0.03%左右，氧气含量为21%。随着我国城市人口不断集中，工业生产发展所放出的废水、废气、燃烧烟尘和噪声也越来越多，相应氧气含量减少，二氧化碳增多。这不仅影响环境质量，而且直接损害人们的身体健康。如果有足够的园林植物进行光合作用，吸收大量的二氧化碳，放出大量氧气，就会改善环境，促进城市生态良性循环。不仅可以维持空气中的氧气和二氧化碳的平衡，而且会使环境得到多方面的改善。据统计，地球上60%的氧气是由森林绿地供给。每公顷园林绿地每天能吸收近900 kg的二氧化碳，生产600 kg的氧气；据试验，只要25m^2草地或10m^2树木，就能把每人每天呼出的二氧化碳全部吸收。由于城市中的新鲜空气来自园林绿地，所以城市园林绿地被称为“城市的肺脏”。

2. 调节温度

城市园林绿地中的树木在夏季能为树下游人阻挡直射阳光，并通过它本身的蒸腾作用和光合作用消耗许多热量。据测定，盛夏树林下气温比裸地低3—5℃。绿色植物在夏季能吸收60%—80%日光能，90%辐射能，使气温降低3℃左右；园林绿地中地面温度比空旷地面低10—17℃，比柏油路低8—20℃，有垂直绿化的墙面温度比没有绿化的墙面温度低5℃左右。

3. 调节湿度

人们感觉舒适的相对湿度为30%—60%，而园林植物可通过叶片蒸发大量水分。据北京园林局测定，$1hm^2$的阔叶林夏季能蒸腾2500t水，比同面积的裸露土地蒸发量高20倍。每公顷油松林，每日蒸腾量为43.6—50.2 t，加杨林每日蒸腾量为57.2 t，所以它能提高空气湿度。据测定，公园的湿度比其他绿化少的地区高27%，行道树也能提高相对湿度10%—20%。冬季，因为绿地中的风速小，气流交换弱，土壤和树木蒸发水分不易扩散，所以相对湿度也高10%—20%。由于空气相对湿度的增加，大大改善了城市的小气候，使人们在生理上具有舒适感。

4. 净化空气

粉尘、二氧化碳、氟化氢、氯气等有害物质是城市的主要污染物质。而二氧化硫数量多，分布广，危害最大。据研究，许多园林植物的叶片具有吸收二氧化硫的能力。松林每天可从$1m^3$的空气中吸收20mg二氧化硫；每公顷柳杉林每天能吸收60mg二氧化硫。很多树叶中含硫量可达0.4%—3%。上海园林局测定，女贞、泡桐、刺槐、大叶黄杨等都有很强的吸氟能力；构树、合欢、紫荆、木槿具有较强的抗氯吸氯能力。据统计，工业城市每年降尘量平均为500—1000t/km^2，特别是某些金属、矿物、碳、铅等空气中的尘埃、油烟、碳粒等。粉尘一方面降低了太阳的照明度和辐射强度，削弱了紫外线；另一方面，飘尘随着人们呼吸进入肺部，产生气管炎、尘肺、矽肺等疾病。1952年英国伦敦因燃煤粉尘危害，致使4000多人死亡，被称为世界“烟雾事件”。20世纪70年代末期上海肺癌死亡居癌病之首。合理配置绿色植物，可以吸收有毒气体，阻挡粉尘飞扬，净化空气。如悬铃木、刺槐林可使粉尘减少23%—52%，使飘尘减少37%—60%。绿化好的上空大气含尘量通常较裸地或街道少1/3—1/2。一条宽5m的悬铃木树林带可使二氧化硫浓度降低25%以上，加杨、桂香柳等能吸收醛、酮、醇、醚等有毒气体。草坪还可以防止灰尘再起，从而减少了人类疾病的来源。

一般树木叶面积是其占地面积的60—70倍；草坪中草的叶面积是占地面积的20—30倍。有很多树叶表面凹凸不平，或长有茸毛，或能分泌黏性物质等，其上可附着大量蒙尘。据测定，某工矿区直径在10μm以上的粉尘比公园绿地多6倍；工业区空气中的飘尘比绿化区多10%～50%；有草坪的足球场比未铺草坪的足球场上空含尘量少 2/3—5/6。所以绿色的园林植物被称为“绿色的过滤器”。

5. 杀死病菌

由于园林绿地上有树木、草、花等植物覆盖，其上空的灰尘相对减少，因而也减少了粘附在其上的病原菌。另外，许多园林植物还能分泌出一种杀菌素，所以具有杀菌作用。例如 1hm^2 柏树林每天能分泌 30kg 的杀菌素，可以杀死白喉、肺结核、伤寒、痢疾等病菌。桦木、桉树、梧桐、冷杉、毛白杨、臭椿、核桃、白蜡等都有很好的杀菌能力。

据南京植物研究所测定，绿化差的公共场所的空气中含菌量比植物园高 20 多倍。松林、柏树、樟树的叶子能散发出某些物质，杀菌力强；而草坪上空尘埃少，可减少细菌扩散。据法国测定，百货商场空气含菌量高达 400 万个 /m^3，林荫道为 58 万个 /m^3，公园为 1000 个 /m^3，林区只有 55 个 /m^3。可见绿化好坏对环境卫生具有重要作用。所以把园林绿化植物称为城市的“净化器”。

6. 净化水体

城市和郊区的水体，由于工矿废水和居民生活污水的污染而影响环境卫生和人们身体健康。研究证明，树木可以吸收水中的溶解物质，减少水中含菌数量。30—40 m 宽林带树根可将 1L 水中含菌量减少 1/2。芦苇能吸收酚，每平方米芦苇 1 年可积聚 6 kg 的污染物，杀死水中大肠杆菌。种芦苇的水池比一般草水池中水的悬浮物减少 30%，氯化物减少 66%，总硬度降低 33%。水葱可吸收污水池中有机化合物。水葫芦能从污水里吸取汞、银、金、铅等重金属物质，并能降低镉、酚、铬等有机化合物。

7. 净化土壤

园林植物的根系能吸收土中有害物质，起到净化土壤的作用。植物根系能分泌使土壤中大肠杆菌死亡的物质，并促进好气细菌增多几百倍甚至几千倍，还能吸收空气中的一氧化碳，故能促进土壤中的有机物迅速无机化，不仅净化了土壤，还提高了土壤肥力。

8. 通风、防风

城市中的道路、滨河等绿带是城市的通风渠道。如绿带与该地区夏季的主导风向一致，可将该城市郊区的气流引入城市中心地区，大大改善市区的通风条件。如果用常绿林带在垂直冬季的寒风方向种植防风林，可以大大降低冬季寒风和风沙对市区的危害。

由于建设城区集中了大量的水泥建筑群和路面，在夏季受到太阳辐射增热很大，再加上城市人口密度大、工厂多，还有燃料的燃烧、人的呼吸，因此气温会大大增高。如果城市郊区有大片绿色森林，其郊区的凉空气就会不断向城市建筑地区流动，调节了气候，输入了新鲜空气，改善了通风条件。

据测定，一个高 9m 的复层树林屏障，在其迎风面 90m、背风面 270m 内，风速都有不同程度的减少。另外，防风林的方向位置不同还可以加速和促进气流运动或使风向改变。

9. 减低噪声

由于城市中的交通和工厂繁忙，其噪声有时很严重。当噪声强度超过 70dB 时，就会使人产生头晕、头痛、神经衰弱、消化不良、高血压等病症。而绿色植物对声波有散射、吸收作用，如 40m 宽的林带可以降低噪声 10—15dB；高 6—7m 的绿带平均能减低噪声 10—13dB；一条宽 10m 的绿化带可降低噪声 20%—30%。因此，植物又被称为“绿色消声器”。

绿色植物是生命的象征，其维护生态平衡，促进生态系统良性循环，保障人类生产、生活、安全的功能是其他物质设施不可代替的。例如美国，其人口占世界总人口的 1/20，每年燃油产生的二氧化碳占全球的 1/4，“温室效应”正严重地威胁着美国人甚至全人类的生存环境，但又不可能利用工厂生产氧气以解决缺氧问题。1988 年 10 月 12 日起至 1992 年，美国城镇地区开展一场群众性植树造林运动，在城市、庭院、企事业单位周围大量适宜植树的地上栽植 1 亿株树木，计划完成后，每年将吸收 18000kC 氧化碳，节约 40 亿美元的能源投资。

（二）环境监测与指示植物

科学家通过观察发现，植物对污染的抗性有很大的差异，有些植物十分敏感，在很低浓度下就会受到伤害，而有些植物在较高浓度下也不受害或受害很轻。因此，人们可以利用某些植物对特定污染物的敏感性来监测环境污染的状况。利用植物这一“报警器”，简单方便，既监测了污染，又美化了环境，可谓一举两得。

由于植物生活环境固定，并与生存环境有一定的对应性，所以植物可以指示环境的状况。那些对环境中的一个因素或某几个因素的综合作用具有指示作用的植物或植物群落被称为指示植物（IndicatorPlant，Plant Indicator）。按指示对象可分为以下几类：

1. 土壤指示植物：如杜鹃、杉木、油茶、马尾松等是酸性土壤的指示植物；柏木为石灰性土壤的指示植物。

2. 气候指示植物：如椰子开花是热带气候的标志。

3. 矿物指示植物：如海南香蕉是铜矿的指示植物。

4. 环境污染指示植物：如环境监测植物。

5. 潜水指示植物：可指示潜水埋深的深度、水质及矿化度，如柳是淡潜水的指示植物；骆驼刺为微咸潜水的指示植物。

此外，植物的某些特征，如花的颜色、生态类群、年轮、畸形变异、化学成分等也具有指示某种生态条件的作用，在这里就不一一列举了。

二、美化功能

在城市中，由于大量的硬质楼房形成轮廓挺直的建筑群体，而园林植物造景则为柔和的软质景观。两者配合得当，便能丰富城市建筑群体的轮廓线，形成街景，成为美丽的园林街、花园广场和滨河绿带等。特别是城市的滨海和沿江的园林绿化带，能形成优美的城市轮廓骨架。城市中由于交通的需要，街道成网状分布，如在道路及城市广场形成优美的林荫道绿化带，既衬托了建筑，增加了艺术效果，也形成了园林街和绿色走廊，遮挡不利观瞻的建筑，使之形成绿色景观。因此生活在闹市的居民在行走中便能观赏街景，得到适当的休息。青岛市海滨绿化，使全市形成山林海滨城市的特色；上海市的外滩滨江绿带，衬托了高耸的楼房，丰富了景观，增添了生机；杭州市的西湖风景园林，使杭州形成了风景旅游城市的特色；扬州市的瘦西湖风景区和运河绿化带，形成了内外两层绿色园林带，使扬州市具有风景园林旅游城市的特色；日内瓦湖的风光，形成了日内瓦景规的代表；塞纳河横贯巴黎，其沿河绿地丰富了巴黎城市面貌；澳大利亚的堪培拉，由于全市处于绿树花丛中，因而成为美丽的花园城市。

三、实用功能

(一) 主景

植物本身就是一道风景，尤其是一些现状奇特、色彩丰富的植物更会引起人们的注意。如在空地中，一株高大乔木自然会成为人们关注的对象、视觉的焦点，在景观中成为主景。但是并非只有高大的乔木才具有这种功能，应该说，每一种植物都拥有这样的潜质，问题是设计师是否能够发现并加以合理的利用。比如在草坪中，一株花满枝头的紫薇就会成为视觉的焦点；在瑞雪过后，一株红瑞木会让人眼前一亮；在阴暗角落，几株玉簪会令人赏心悦目。

(二) 障景和引景

古典园林讲究“山穷水尽、柳暗花明”，通过障景，使视线无法通达，利用人的好奇心，引导游人继续前行，探究屏障之后的景物，即所谓的引景。其实障景的同时就起到了引景的作用，而要达到引景的效果就需要借助障景的手法，两者密不可分。如道路转弯处栽植一株花灌木，一方面遮挡了路人的视线，使其无法通视；另一方面，这株花灌木也成为视觉的焦点，构成引景。

在景观创造的过程中，尽管植物往往同时充当障景和引景的作用，但面对不同的状况，某一功能也可能成为主导，相应所选的植物也会有所不同。

如在视线所及之处景观效果不佳，或者有不希望游人看到的物体，在这个方向栽植的植物主要承担障景的作用，而这个“景”一般是“引”不得的，所以应该选择枝繁叶茂、阻隔作用较好的植物，并且最好是“拒人于千里之外”的。一些常绿针叶植物应该是最佳的选择，比如云杉、桧柏、侧柏等就比较合适。某企业庭院紧邻城市主干道，外围有立交桥、高压电线等设施，景观效果不是太好，所以在这一方向上栽植高大的桧柏，以阻挡视线。与此相反，某些景观隐藏于园林深处，此时引景的作用就凸显出来了，而障景是必需的，但是不能挡得太死，要有一种“犹抱琵琶半遮面”的感觉。此时应该选择枝叶相对稀疏、观赏价值较高的植物，如油松、银杏、栾对等。

（三）框景与透景

将优美的植物景色通过门窗或植物等材料加以限定，如同画框与图画的关系，这种景观处理方式称为框景。框景常常让人产生错觉，疑似挂在墙上的图画，所以框景有“尺幅窗，无心画”之称，古典园林中框景的上方常常有“画中游”或者“别有洞天”之类的匾额。利用植物构成框景在现在园林中非常普遍，高大的乔木构成一个视窗，通过“窗口”可以看到远处优美的景致。所以利用植物框景也常常与透景组合，两侧的植物构成框景，将人的视线引向远方，这条视线则称为“透景线”。

构成框景的植物应该选用高大、挺拔、形状规整的植物，比如桧柏、侧柏、油松等。而位于透视线上的植物则要求比较低矮，不能阻挡视线，并且具有较高的观赏价值，比如一些草坪、地被植物和低矮的花灌木等。

四、情感功能

（一）陶冶情操

城市园林绿地，特别是公园、小游园和一些公共设施的专用绿地，可开展多种形式的活动，是一个城市或单位的宣传橱窗，是向群众进行文化宣传、科普教育的场所，可以使游人在游玩中受到教育，增长知识，提高文化素养。园林中常设琴、棋、书、画、划船、体育活动项目，以及儿童和少年娱乐设施等。人们可以自由选择有益于自己身心健康的活动项目，放松心情并享受大自然的美景。在公共绿地中可经常开展群众性的活动，使人们在集体活动中加强接触，增进友谊，减少老年人的孤独感。可使成年人消除疲劳，振奋精神，提高工作效率；培养青少年的勇敢精神，有益健康成长；老年人则可享受阳光空气，延年益寿。据有关资料报道，在绿色优美的景观中劳动，效益可提高15%—35%，事故减少40%—50%。人在绿色环境中皮肤温度可降低1—2℃，脉搏次数比在城市空地中每分钟减少4—8次，甚至14—18次。如把绿色植物进行艺术性的配置，使之产生丰富的色彩、高低起伏和前后层次的变化，加上季相变化，能给人以生机勃勃的感觉。所以城市园林绿化对提高人们的素质、促进精神文明建设、推动社会生产力水平的提高，具有重要的促进作用。同时，城市园林绿地也是广泛发展我国旅游事业的需要。我国幅员辽阔，风景资源丰富，历史悠久，文物古迹众多，特别是城市郊区的自然风景名胜区景优美，都是国内外旅游者休息、疗养的胜地。

总之，城市园林植物造景能满足人们对感情生活、道德修养的追求，激发人们热爱家乡、热爱祖国、热爱大自然的激情。

（二）空间尺度感

植物造景总是在一定的空间范围与时间的作用下产生的，植物造景设计的尺度会影响游人观赏景观的感受，或开敞或密闭，或蜿蜒曲折，或开门见山。根据人的视觉、听觉、嗅觉等生理因素，结合人际交往距离，可以得到景观空间场所的三个基本尺度，称之为景观空间尺度。

1. 20—25 m：20—25m见方的空间，人们感觉比较亲切，是创造景观空间感的尺度。

2. 110 m：超过110m后才能产生广阔的感觉，是形成景观场所感的尺度。

3. 390 m：人无法看清楚390m以外的物体，这个尺度显得深远、宏伟，是形成景观领域感的尺度。

适宜的空间尺度还取决于空间的高宽比，即空间的里面高度（H）与平面宽度（D）的比值。H/D=2—3，形成夹景空间，空间的通过感较强；H/D=1，形成框景效果，空间通过感平缓；H/D=1：3—1：5，空间开阔，围合感较弱。

另外，要想获得良好的视觉效果，场地中的景物（比如孤植树、树丛、主体建筑、雕塑等）与场地之间也应该选用适宜的比例，景物高度与场地宽度的比例最好是1：3—1：6。

五、商业功能

植物作为建筑、食品、化工等主要的原料，产生了巨大的直接经济效益；通过保护、优化环境，植物又创造了巨大的间接经济效益。如此看来，如果我们在利用植物美化、优化环境的同时，能获得一定的经济效益，这又何乐而不为呢！当然，片面地强调经济效益也是不可取的，园林植物景观的创造应该是在满足生态、观赏等各方面需要的基础上，尽量提高其经济效益。

六、其他功能

植物造景设计的功能除上述5个功能外，还具有如统一和联系的功能、强调和标示功能、柔化功能等。

（一）植物的统一和联系的功能

景观中的植物，尤其是同一种植物，能够使得两个无关联的元素在视觉上联系起来，形成统一的效果。如临街的两栋建筑之间缺少联系，而在两者之间栽植上植物之后，两栋建筑之间似乎构成了联系，整个景观的完整性得到了加强。要想使独立的两个部分（如植物组团、建筑物或者构筑物等）产生视觉上的联系，只要在两者之间加入相同的元素，并且最好呈水平延展状态，比如扁球形植物或者匍匐生长的植物（如铺地柏等），从而产生“你中有我、我中有你”的感觉，就可以保证景观的视觉连续性。

（二）植物的强调和标示功能

某些植物具有特殊的外形、色彩、质地，能够成为众人瞩目的对象，同时也会使其周围的景物被关注，这一点就是植物强调和标示的功能。在一些公共场所的出入口、道路交叉点、庭院大门、建筑入口等需要强调、指示的位置，合理配置植物能够引起人们的注意。比如居住区中由于建筑物外观、布局和周围环境都比较相似，环境的可识别性较差，为了增强环境的可识别性，除了利用指示标牌之外，还可以在不同的组团中配置不同的植物，既丰富了景观，又可以成为独特的指示。

园林中地形的高低起伏，可使空间发生变化，形的高低起伏，在地势较高处种植高大、挺拔的乔木，可以使地形起伏变化更加明显；与此相反，如果在地形凹处栽植植物，或者在山顶栽植低矮的、平展的植物可以使地势趋于平缓。在园林景观营造中可以应用植物的这种功能，形成或突兀起伏或者平缓的地形景观，与大规模的地形改造相比，可以说是事半功倍。

（三）植物的柔化功能

植物景观被称为软质景观，主要是因为植物造型柔和、较少棱角，颜色多为绿色，令人放松。因此在建筑物前、道路边沿、水体驳岸等处种植植物，可以起到柔化的作用。建筑物墙基处栽植的灌木、常绿植物软化了僵硬的墙基线，而建筑之前栽植的阔叶乔木也可起到同样的作用。冬季景观，落叶之后，剩下光秃秃的树干，但是在冬季阳光的照射下，枝干在地面上和墙面上形成斑驳的落影，树与影、虚与实形成对比，也使整个环境变得温馨、柔和。但需要注意的是，建筑物前面不要选择曲枝类植物，如龙爪柳等，因为这些植物的枝干在墙面上投下的影子会很奇怪，令人感觉不舒服。

第四节　植物造景设计的特性和运用

一、植物的观赏特性

植物的形体本身就是一幅动人的画面。园林植物姿态各异，常见的木本乔灌木的树形有柱形、塔形、圆锥形、伞形、圆球形、半圆形、卵形、倒卵形、匍匐形等，特殊的有垂枝形、曲枝形、拱枝形、棕搁形、芭蕉形等。不同姿态的树种给人以不同的感觉：高茸入云或波涛起伏，平和悠然或苍虬飞舞，与不同地形、建筑、溪石相配置，则景色万千。

之所以形成不同姿态，与植物本身的分枝习性及年龄有关。

(一) 单轴式分枝

其顶芽发达，主干明显而粗壮，侧枝仍属于主干。如主干延续生长大于侧枝生长时，则形成柱形、塔形的树冠，如箭于杨、新疆杨、钻天杨、台湾松、意大利丝柏、柱状欧洲紫杉等。如果侧枝的延长生长与主干的高生长接近时，则形成圆锥形的树冠，如雪松、冷杉、云杉等。

(二) 假二叉分枝

其枝端顶芽自然枯死或被抑制，造成了侧枝的优势，主干不明显，因此形成网状的分枝形式。如果高生长稍强于侧向的横生长，树冠成椭圆形，相接近时则成圆形，如丁香、馒头柳、千头椿、罗幌伞、冻绿等。横向生长强于高生长时，则成扁圆形，如板栗、青皮槭等。

（三）合轴式分枝

其枝端无顶芽，由最高位的侧芽代替顶芽作延续的高生长，主干仍较明显，但多弯曲。由于代替主干的侧枝开张角度的不同，较直立的就接近于销由式的树冠，较开展的就接近于假二叉式的树冠。因此合轴式的树种，树冠形状变化较大，多数成伞形或不规则树形，如悬铃木、柳、柿等。分枝习性中枝条的角度和长短也会影响树形。大多数树种的发枝角度以直立和斜出者为多，但有些树种分枝平展，如曲榭白。有的枝条纤长柔软而下垂，如垂柳。有的枝条贴地平展生长，如匍地柏等。

乔灌木枝干也具有重要的观赏特性。如酒瓶椰子树干如酒瓶，佛肚竹、佛肚树，其干如佛肚。白桦、白桉、粉枝柳、二色荡、考氏悬钩子等枝干发白。红瑞木、沙莱、青藏悬钩子、紫竹等枝干红紫。傣棠、竹、梧桐、不大的青杨、河北杨、毛白杨枝干呈绿色或灰绿色。山桃、华中樱、稠李的枝干呈方铜色。黄金间碧玉竹，金镶玉竹、金竹的竿呈黄色。干皮斑驳呈杂色的有白皮松、榔榆、斑皮柚水树、貂皮撞、天目木姜子、悬铃木、天目紫茎、木瓜等。

花具有最重要的观赏特性。暖温带及亚热带的树种多集中于春季开花，因此夏、秋、冬季及四季开花的树种极为珍贵，如合欢、奕树、木槿、紫薇、凌霄、夹竹桃、石榴、栀子、广玉兰、醉鱼草、木本香薷、糯米条、海州常山、红花羊蹄甲、扶桑、蜡梅、梅花、金缕梅、云南山茶、冬樱花、月季等。一些花形奇特的种类很吸引人，如鹤望兰、兜兰、飘带兰、旅人蕉等。游人赏花时更喜闻香，所以如木香、月季、菊花、桂花、梅花、白兰花、含笑、夜合、米兰、九里香、夜来香、暴马丁香、茉莉、鹰爪花、柑橘类备受欢迎。不同花色组成的绚丽色块、色斑、色带及图案是植物造景设计常用的手法。根据上述特点，在景观设计时，可配置成色彩园、芳香园、季节园等。

很多植物的叶片极具特色。巨大的叶片如董棕、鱼尾葵、巴西棕、高山蒲葵等，巨叶直上云霄，非常壮观。浮在水面巨大的玉莲叶犹如一个大圆盘，可承载幼童，吸引众多游客。具有奇特叶片的如山杨、羊蹄甲、马褂木、蜂腰洒金榕、旅人蕉、含羞草等。彩叶树种更是不计其数，如紫叶李、红叶桃、紫叶小劈、变叶榕、红桑、红背桂、金叶桧、浓红朱蕉、菲白竹、红枫、新疆杨、银白杨等。此外，还有众多的彩叶园艺栽培变种。

园林植物的果实也极富观赏价值，奇特的如象耳豆、眼睛豆、秤锤树、蜡肠树、神秘果等。巨大的果实如木菠萝、柚、番木瓜等。很多果实色彩鲜艳，如紫色的紫珠、葡萄；红色的天目琼花、欧洲英援、平枝拘子、小果冬青、南天竺等；蓝色的白擅、十大功劳等；白色的珠兰、红瑞木、玉果南天竺、雪里果等。

二、植物造景的运用

（一）利用园林植物表现时空变化

园林空间是包括时间在内的四维空间，这个空间是随着时间的变化而变化的，这主要表现在植物的季相演变方面。植物的自然生长规律形成了“春天繁花盛开、夏季绿树成荫、秋季硕果累累、冬季枝干苍劲”的不同景象，由此产生了“春风又绿江南岸”“霜叶红于二月花”的特定景观。根据植物的季相变化，把不同花期的植物搭配种植，可使同一地点的某一时期产生某种特有景观，给人不同的感受。而植物与山水、建筑的配合，也因植物的季相变化而表现出不同的画面效果。

（二）利用园林植物创造观赏景观

植物材料是造园要素之一，这是由园林植物独特的形态、色彩、风韵之美所决定的。园林中栽植的孤立木，往往因其浓冠密覆或花繁叶茂而格外引人注目。银杏、银桦、白杨主干通直，气势轩昂，松树曲虬苍劲，这些树往往作为孤立木栽植，构成园林主景。几棵树按一定的构图方式配置形成树丛，既能表现树木的群体美，又表现树木个体美；既在整体上有高低远近的层次变化，又能形成较大的观赏面，而更多的树木组合如群植，则可以构成群体效果。如“万壑松风”“梨花伴月”“曲水荷香”都是人们喜闻乐见的风景点。选一种有花有果可赏的树木，造成一片小型群植，即通常所说的纯林，如我国传统喜好的竹林、梅林、松林，在园林中颇受欢迎；还可以利用树木秋季变色造“秋色林”，如枫香、乌桕、银杏、槭树、黄栌、重阳木等都可以形成“霜叶红于二月花”的景观，这种形式在园林绿地中既可以成为构图主景，又能作为屏障，掩盖某些不美观的地方。值得注意的是，多种树种的配置必须主次分明，疏密有致，由一种或两种树种为主，突出主题。

（三）利用园林植物创造空间变化

城市园林绿地不仅能用建筑、山水等来分隔空间，而且利用植物材料也能达到同样的效果。中国画讲究“疏能走马、密不透风”，植物配置也同理，根据需要可以将绿地划分为各种空间。一般地说，植物布局应疏密错落，在有景可借的地方，树要栽得稀疏，树冠要高或低于视线以保持透视线；对视线杂乱的地方则要用致密的树加以遮挡，用绿篱分隔空间是最常见的方式。这样既能达到减弱噪声，构成封闭、安静的街头绿地的目的，又能与城市道路绿化相结合，为过往行人和附近居民提供小憩场所。

（四）利用园林植物表现衬托效果

植物的枝条呈现一种自然的曲线，园林中往往利用它的质感以及自然曲线来衬托人工硬质材料构成的规则式建筑形体，这种对比更加突出两种材料的质感。现代园林中往往以常绿树作雕塑的背景，通过色彩对比来强调某一特定的空间，加强人们对这一景点的印象。建筑物旁的植物通常选用具有一定的姿态、色彩、芳香的树种。一般体型较大、立面庄严、视线开阔的建筑物附近要选干高枝粗、树冠开展的树种；在结构细致、玲珑、精美的建筑物四周要选栽一些叶小枝纤、树冠致密的树种。植物与山石相配，要表现起伏峥嵘、野趣横生的自然景色，一般选用乔灌木错综搭配，树种可以多一些，树木姿态要好，能欣赏山石和花木的姿态之美。

（五）利用园林植物表现意境效果

植物不仅能令人赏心悦目，还可以进行意境的创作。人们常借助植物抒发情怀，寓情于景。例如用松柏苍劲挺拔、蟠虬古朴的形态比拟人的坚贞不屈、永葆青春的意志；蜡梅不畏寒冷、傲雪怒放，常常被喻作刚毅的性格。园林绿地可以借鉴植物的这一特点，创造有特色的观赏效果。避暑山庄的“万壑山庄”“梨花伴月”便采用植物造景来营造出诗情画意的艺术境界。

园林植物不仅具有独立的景观表象，还是园林中的山水、建筑、道路及雕塑、喷泉等小品构景的重要组合材料。

1. 园林植物造景对园林建筑的景观有着明显的衬托作用。首先是色彩的衬托，用植物的绿色中性色调衬托以红、白、黄为主的建筑色调，可突出建筑色彩；其次是以植物的自然形态和质感衬托用人工硬质材料构成的规则建筑形体。另外，由于建筑的光影反差比绿色植物的光影反差强烈，所以在明暗对比中还有以暗衬明的作用。

2. 园林植物造景对园林建筑有着自然的隐露作用。“露则浅、隐则深”，园林建筑在园林植物的遮掩下若隐若现，可以形成“竹里登楼人不见，花间问路鸟先知”的绿色景深和层次，使人产生“览而愈新”欲观全貌而后快的心理追求。同时从建筑内向外观景时，窗前檐下的树干、枝叶又可以成为“前景”和“添景”。

3. 植物造景能改善园林建筑的环境质量。以建筑围合的庭院式空间往往建筑与铺装面积较大，游人停留时间较长，由硬质材料产生的日照热辐射和人流集中造成的高温与污浊空气均可被园林植物调节，为建筑空间创造美好的环境质量。另外，园林建筑在空间组合中作为空间的分隔、过渡、融合所采用的花墙、花架、漏窗、落地窗等形式，都需借助园林植物来装饰和点缀。

4. 植物造景对山石、水体的作用。“山本静水流则动，石本顽树活则灵”。虽然山石水体是自然式园林的骨架，但还需有植物、建筑和道路的装点陪衬，才会有“群山郁苍、群木荟蔚、空亭翼然、吐纳云气”的景象和“山重水复疑无路，柳暗花明又一村”的境界。园林植物覆盖山体不仅可以减少水土流失，改善环境质量，还如同华丽的服装可使山体呈现出层林叠翠、“山花红紫树高低”的山地植物景观。丰富的空间层次将山上的建筑和道路掩映在绿荫之中。园林水体也只有与园林植物组合才会有生气。园林植物不但可以净化水体，还可以丰富水面空间和色彩，是水体和陆地的融合媒介。如在韶山毛泽东故居前的池塘水面上种植几处荷花、蒲草，既可增加水面的绿色层次，又有“映日荷花别样红”的自然野趣。

5. 植物造景对园林道路的组景作用。园林道路除必要的路面用硬质材料铺装外，路旁均以树木、草皮或其他地被植物覆盖。游览小路也以条石或步石铺于草地中，达到“草路幽香不动尘”的环境效果。自然式园林的动态序列空间布局讲究道路的曲折起伏变化。曲折的道路若无必要的视线遮挡，不能有空间区分，就只有曲折之趣，而无通幽之感。虽然可用山冈、建筑物进行分隔，但都不如园林植物灵活机动。不但可以用乔木构成疏透的空间分隔，而且可用乔、灌木组合进行封闭性分隔。这也说明园林植物还是障景、框景、漏景的构景材料。

第六章

园林植物造景基本原理

植物造景是园林规划设计的重要环节。首先是各种植物之间的配置，如种类的选择、树丛的组合、平面和立面的构图，色彩、季相及意境的创造等；其次是园林植物与园林中其他要素如山石、水体、建筑、园路等相互之间的配置。园林植物同园林建筑有机结合，是自然美同人工美的结合，植物色彩和柔美的姿态可以增加建筑的美感，在传统的古典园林中，植物与建筑无论从体量上、形式上都要求达到风格的协调与统一，建筑因植物而得名，植物因建筑而增量。古人云："山借树而为衣，树借山而为骨；树不可繁，而见山之秀丽；山不可乱，须显树之光辉。"从山与树两者关系出发，对配置原则作了很好的阐述。

植物在造园中具有任何要素都不可取代的"造景"与"生态"双重功能，确立了它在现代园林中的首要地位。我国城市化的高速发展带来了许多环境质量问题，其改善的主要手段是通过园林植物来实现的。植物可以重组城市的能量—物质交换，形成具有自我调节功能的良性循环的城市生态系统。近十多年来，城市环境建设目标，根据各城市具体条件的不同，提出了"森林城市、园林城市、风景城市、花园城市、生态城市"等的创建工作，其共同点是建立在以园林植物为主体的基础上。

园林植物形态各异、叶色多种多样，在植物绿色的基调上，可用不同色彩的花木造成绚丽多彩的画面，创造出富有生命活力的园林景观。植物材料是造园要素之一，这是由园林植物独特的色彩、形态、芳香、风韵之美所决定的，要创造出好的植物配置效果，就要充分了解和熟悉不同园林植物的观赏性。

第一节　园林植物观赏特性

园林植物的观赏性主要表现在色彩、形态、芳香及其他方面，通过叶、花、果、枝、干、根等观赏器官，以体量、冠型、色彩等观赏要素为载体，给人以现实的直观感觉。

一、园林植物的色彩

（一）叶色

许多园林植物色彩的类型和格调主要取决于叶色，叶色取决于叶片的叶绿素、叶黄素、类胡萝卜素、花青素等色素含量的变化，叶色还受叶片对光线的吸收与反射差异的影响。叶色可分为如下几种。

1. 基本叶色，即绿色。受树种及光线的影响，又有墨绿、深绿、油绿、黄绿、亮绿、蓝绿、茶绿等，且会随季节而变化。

2. 春色类及新叶有色类。红色者如臭椿、五角枫等；紫红色者如黄连木等。本类树如种植在浅灰色建筑或绿色树丛前，能产生类似开花的观赏效果。

3. 秋色叶类。红色或紫红色类者如鸡爪槭、五角枫、茶条槭、枫香、小檗、樱花、漆树、盐肤木、黄栌、乌桕等，黄色或黄褐色类者如银杏、白蜡、鹅掌楸、柳、梧桐、榆、无患子、紫荆、栾树、麻栎。北方深秋观黄栌红叶，南方则以枫香、乌桕的红叶著称。欧美的秋色叶中，红槲、桦木等最为夺目。日本则以槭树最为普遍。

4. 双色叶类。如银白杨、胡颓子、木半夏、栓皮栎、红背桂等。这类树种，在微风中就能形成特殊的闪烁变化效果。

5. 常色叶类。紫色的如紫叶小檗、紫叶李、紫叶桃等，金黄色的如金叶鸡爪槭、金叶雪松、金叶圆柏等。

6. 斑色叶类。如桃叶珊瑚、金心大叶黄杨、金边大叶黄杨、银心大叶黄杨、银边大叶黄杨等。

（二）茎干色

植物茎干色泽多变。

1. 枝干为红紫色的。如红瑞木、山桃、赤枫、青藏悬钩子、紫竹等。

2. 枝干为黄色的。如金枝槐、黄金嵌碧玉、金镶玉竹、金竹的竿等。

3. 枝干为灰白色的。如白皮松、白桦、白桉、粉枝柳、考氏悬钩子等。

4. 枝干为斑驳色彩的。如榔榆、斑皮柚水树、豺皮樟、天目木姜子、悬铃木、天目紫茎、木瓜等。

5. 枝干为青绿色或灰绿色的。如梧桐、棣棠、竹、青榨槭及树龄不大的青杨、河北杨、毛白杨等枝干的绿色，会引起人们极大的观赏情趣。具有这些颜色的枝干的植物，若配合冬季雪景，能使园林的内容更丰富，强调出季节的特色，效果尤其显著。

（三）花色

花色主要为花冠或花被的颜色，这些种类如珙桐、叶子花、四照花等为苞片的颜色。花色产生于花青素，并与光线有密切关系。绝大多数的花色为白、黄、红三大主色，这是植物长期自然选择的结果，因为这些颜色最容易引诱昆虫。花色有单色和复色两大类，天然的树木多为单色，而复色多为人工培育的品种。有些树木的花在开花期间会产生花色的变化，如木绣球，初花为翠绿，盛花期为白色，到开花后期就变为蓝紫色。其中，适于群植以发挥整体立体美的，以杜鹃、梅、桃、樱花、紫薇、木兰、玉兰等植物尤为显著。有些园林植物在阳春中花先叶开放，鲜艳夺目，如梅、桃、樱花、玉兰等树种，其中尤以梅、樱花为最佳。

（四）果色

果实成熟于盛夏或凉秋之际，在此绿（夏）及黄绿（秋）的冷色系统中，成熟果以其红、橙、黄等暖色点缀其间，大添异彩。“一年好景君须记，正是橙黄橘绿时。”苏轼这首诗描绘出一幅美妙的景色，这正是果实的色彩效果。

这种果实的树木按颜色分为：

1. 红色类：如桃叶珊瑚、小檗类、平枝栒子、山楂、冬青、枸杞、火棘、枸骨、金银木、南天竹、珊瑚树等。

2. 黄色类：如银杏、梅、杏、甜橙、香橼、佛手、金柑、梨、木瓜、沙棘等。

3. 蓝紫色类：如紫珠、葡萄、十大功劳、桂花、白檀等。

4. 黑色类：如小叶女贞、小蜡、女贞、毛徕、君迁子等。

5. 白色类：如红瑞木、芫花、湖北花楸等。

选用观果树种时，应选择不易脱落而浆汁较少的，以便长期观赏，但不能选用具有毒性的种类。精美的观果园可使儿童流连忘返。果实不仅可以观赏，而且有招引鸟类及兽类的作用，可给园林带来生动活泼的气氛。小檗易招来黄连雀、乌鸦、松鸡等，红瑞木易招来鸫、知更鸟等。

植物的色彩是植物造景重要的内容，植物色彩的配置创作主要根据色彩的美学原则。用色彩的对比加强景观的视觉效果，例如深色的树叶可以给鲜艳的花朵和枝叶做背景，强化鲜艳颜色的效果。在植物色彩的搭配中，红色、橘红色、黄色、粉红色都可以给整个设计增添活力和兴奋点。

二、园林植物的形态

园林植物的形态是外形轮廓、体量、形态、质地、结构等特征的综合体现，给人以大小、高矮、轻重等比例尺度的感觉，是一种造型艺术美，是园林景观空间三维结构中不可分割的一部分，在园林造景中起着特别重要的作用。园林树木的形态美具体表现在以下几个方面。

（一）体量

体量主要表现在植株的高矮、大小上，且呈动态变化。体量在一定程度上影响并决定植物的观赏效果，并与植物的其他观赏性状，特别是形状密切相关。离开了体量的配合，植物形状就难以表现出尽善尽美的观赏效果。在园林中，植物的体量对空间的分割、构图、组景等，也都十分重要。

（二）株形

株形指植物从整体形态上呈现的外部轮廓，树形主要受树种的遗传学特性和生长环境条件的影响。园林树木的树形多种多样，每种树形都是由一定的垂线、水平线、斜线、弧线或折线构成，它们是树形的基本要素。树形的划分，通常以正常生长条件下成年的冠形，作为该树种的基本树形，主要有尖塔形、圆柱形、圆球形、垂枝形、披散形、藤蔓形、棕榈形、风致形。

不同姿态的树种给人以不同的感觉：高耸入云或波涛起伏，平和悠然或苍虬飞舞，与不同地形、建筑、溪石相配置，则景色万千。植物之所以形成不同姿态，与其本身的分枝习性及年龄有关。

单轴式分枝：顶芽发达，主干明显而粗壮。侧枝从属于主干。如主干延续生长大于侧枝生长时，则形成柱形、塔形的树冠，如箭干杨、新疆杨、钻天杨、台湾松、意大利丝柏、柱状欧洲紫杉等。如果侧枝的延长生长与主干的高生长接近时，则形成圆锥形的树冠，如雪松、冷杉、云杉等。

假二叉分枝：枝端顶芽自然枯死或被抑制，造成了侧枝的优势，主干不明显，因此形成网状的分枝形式。如果高生长稍强于侧向的横生长，树冠成椭圆形，相接近时则成圆形，如丁香、馒头柳、千头椿、罗幌伞、鼠李等。横向生长强于高生长时，则成扁圆形，如板栗、青皮槭等。

合轴式分枝：枝端无顶芽，由最高位的侧芽代替顶芽作延续的高生长，主干仍较明显，但多弯曲。由于代替主干的侧枝开张角度的不同，较直立的就接近于单轴式的树冠，较开展的就接近于假二叉式的树冠。因此，合轴式的树种，树冠形状变化较大，多数呈伞形或不规则树形，如悬铃木、柳、柿等。分枝习性中枝条的角度和长短也会影响树形。大多数树种的发枝角度以直立和斜出者为多，但有些树种分枝平展，如曲枝柏。有的枝条纤长柔软而下垂，如垂柳。有的枝条贴地平展生长，如匍地柏等。

（三）质地

质地指树冠的疏松与紧密、粗糙与光滑程度。植物的质地主要受叶片的大小、数量及排列方式，枝条长短、数量与分枝式，生长季节以及观赏视距等诸因素影响。常见的植物从叶子分类大概有以下三类。

1. 稀疏型。树木的枝干粗壮、节间长，分枝距离远、分枝角度大，叶片较大而稀疏，能产生使景物趋向观赏者的动态感，进而造成观赏者与树木间的可视距离短于实际距离的幻觉，有助于开阔大空间的“收缩”。

2. 紧密型。树木枝、叶细数量众多，着生密集、分布均匀，排列较规整，树体轮廓明显，外观光滑。紧密型树木给人以结实、厚重、力度的感受，其应用特性与稀疏型树木相反。

3. 疏松型。树木的叶片大小与数量、枝条粗细与长短均较为适度，树形有较明显的轮廓，质感受叶色的影响较大。应用上，可以充当稀疏型与紧密型树木间的过渡成分。

革质叶片有光影闪烁的效果；纸质，膜质叶片常呈半透明状，给人以恬静之感；粗糙多毛的叶片，多富于野趣；绒柏的整个树冠犹如绒团，具有柔软秀美的效果；构骨坚硬多刺，具有剑拔弩张的效果。

一般人在观赏装饰上对叶形、叶色等均能注意，但是却常常忽略质感方面的运用，这是应特别注意的。

（四）叶形及类型

按照叶片大小和形态，将叶形划分为小型叶、大型叶和中型叶。小型叶有六月雪、米兰等，大型叶和中型叶有糯竹、橡皮榕等。此外，叶缘的锯齿、缺刻以及叶片表皮上的绒毛、刺凸等附属物的特性，有时也可起到观赏的作用。

按同一叶柄生长的叶片数目分有单叶和复叶。

1. 单叶方面

针形类：包括针形叶及凿形叶（或钻形、锥形），松科松属绝大部分属于此类。

披针形类：如柳、杉、夹竹桃等，倒披针形如黄瑞香。

椭圆形类：如金丝桃、天竺桂、柿以及长椭圆形的芭蕉等。

圆形类：包括圆形及心形叶，如紫荆、泡桐。

掌状类：如五角枫、刺楸、梧桐等。

条形类（线形类）：如水杉、冷杉、紫杉等。

三角形类：包括三角形及菱形，如钻天杨、乌桕等。

奇异形类：含各种引人注目的形状，如鹅掌形、羊蹄形、戟形、扇形等。

2. 复叶方面

羽状复叶：包括奇数羽状复叶、偶数羽状复叶、二回羽状复叶、三回羽状复叶，如刺槐、锦鸡儿、合欢、南天竹等。

掌状复叶：如七叶树，二回掌状复叶者如铁线莲等。

（五）花形与花相

1. 花形

花形是指单朵花的形状，一般认为，花瓣数多、重瓣性强、花径大、形体奇特者，观赏价值高。

花形的分类如下：

筒状：指花冠大部分合成一管状或圆筒状。如醉鱼草、紫丁香。

漏斗状：花冠下部筒状，向上渐渐扩大成漏斗状。

钟状：花冠筒宽而稍短，上部扩大成一针形，如吊钟花。

高脚碟状：花冠下部窄筒形，上部的花冠裂片突出，水平开展，如迎春花。

坛状：花冠筒膨大为卵形或球形，上部收缩成短颈，花冠裂片微外曲，如柿树的花。

唇形：花冠呈二唇形，上面两裂片多少合为上唇，下面三裂片为下唇，如唇形科植物。

舌状：花冠基部成一短筒，上面向一边开张呈扁平舌状，如菊科某些篮状花序的边缘花。

碟形：其上最大的一片花瓣叫旗瓣，侧面两片较小的叫翼瓣，最下两片下缘稍合生的叫龙骨瓣，如刺槐、槐树花。

2. 花相理论

将花或花序着生在树冠上的整体表现形貌，特称为“花相”。花相常可分为纯式花相和衬式花相。纯式花相指先花后叶树种所呈现的花相。衬式花相指先叶后花树种所呈现的花相。

园林树木的花相分类如下：

独生花相：这类木本花卉很少，普遍花大，如苏铁。

线条花相：花排列于小枝上，形成长形的花枝。由于枝条生长习性不同，花相有呈拱状花枝的、有呈直立剑状的，或略短曲如尾状的等。简而言之，本类花相大抵枝条较稀，枝条个性较突出，枝上的花朵成花序的排列也较稀。如连翘、金钟花。

星散花相：花朵或花序数量较少，且散布于全树冠各部。衬式星散花相的外貌是在绿色的树冠底色上，零星散布着一些花朵，有丽而不艳、秀而不媚之效。如珍珠梅、鹅掌楸、白兰等。纯式星散花相种类较多，花数少而分布稀疏，花感不烈，但亦疏落有致。若于其后能植有绿树背景，则可形成与衬式花相相似的观赏效果。

团簇花相：花朵或花序形大而多，就全树而言，花感较强烈，但每朵或每个花序的花簇仍能充分表现其特色。呈纯式团簇花相的有玉兰、木兰等，属衬式团簇花相的可以大绣球为典型代表。

覆被花相：花或花序着生于树冠的表层，形成覆伞状。属于本花相的树种，纯式有绒叶泡桐、泡桐等，衬式有广玉兰、七叶树、栾树等。

干生花相：花着生于茎干上。种类不多，大抵均产于热带湿润地区。例如槟榔、枣椰、鱼尾葵、木菠萝、可可等。在华中、华北地区之紫荆，亦属于干生花相。

（六）枝干

一些树木的树皮以不同形式开裂、剥落，如横纹树皮（山桃、桃、樱花）、片裂树皮（白皮松、悬铃木、木瓜、榔榆）、丝裂树皮（青年期柏类）、纵裂树皮（多数树种属此类）、纵沟树皮（老年期的胡桃、板栗）、长方裂纹树皮（柿、君迁子）、粗糙树皮（云杉、硕桦）、疣突树皮（暖地老龄树木）、光滑树皮（许多青年期树木都属此类），等等，都有一定的观赏价值。树木枝干扭曲、旋转，同样具有较高的观赏价值，如金银花、龙爪柳、龙爪槐枝条下垂，冠盖如伞。一些榆树、卫矛等枝上的木栓翅观赏价值也很高。

（七）根

树木的根系通常扎于地下，但有些大树，古树常悬根露爪，充分显示了生命的苍古，如榕树等热带、亚热带树种具有板根以及发达的悬垂根，能形成根枝连地、绵延如绳、独木成林的奇特现象。

（八）刺毛

很多树木的刺毛等附属物，也有一定的观赏价值。如：玫瑰的刚毛状皮刺、五加的疣状皮刺、峨眉薪薇小枝密被红褐刺毛，紫红色皮刺基部常膨大。

三、园林植物的芳香

园林设计中，除植物的形态和色彩外，香味也是园林植物很重要的组成部分，不同的香味能够给人不同的心理感受，例如丁香和茉莉的香味会使人心平气静，紫罗兰和玫瑰的香味可使人兴奋。植物的香味包括叶香、花香、果香、根香等。春有香茶花、迷迭香、金银花，夏有栀子花、晚香玉，秋有桂花、菊花，冬有香雪兰、水仙、梅花等。在进行园林植物种植设计时，除运用植物的形态和色彩造景外，利用不同的植物在不同季节散发的味道，能够塑造出更加赏心悦目的环境。

四、园林植物的其他观赏特性

园林植物是经过长期人工选育的各具特色的观赏性植物，其优美的形态、绚丽的色彩、自然的声响、沁人的芳香在园林中可以独立构成丰富多彩的景观。植物给人的印象不单是色彩、形态等外形上的直接感受，有时，植物在周围环境的影响下（光线，风等）给人以视觉、听觉的特殊反应，这种反应同样可以使人获得感官上或心理上的满足。

（一）园林植物产生的视觉感应

反光：一些叶片排列整齐、叶片光亮、蜡质层或角质层较厚的植物，当日光照射到叶片时有一定的反光效果。反光可以使景物更加辉煌，令人迷离。

阴影：阴影能丰富植物的观赏情趣，烘托局部气氛。

（二）听觉感应

声响可加强和渲染园林的氛围，令人遐想沉思，引人入胜。如在松林中听松涛，给人大海在即的感觉。

（三）生态效应

有许多园林植物形成的人工森林生态群落，可以为鸟类及兽类提供栖息之所，给园林带来生动活泼的气氛。此外，果实不仅可赏，而且有招引鸟类及兽类的作用，如小檗易招来黄连雀、乌鸦、松鸡等；红瑞木易招来鸫科的鸟类、知更鸟等，可增加城市生物多样性，也更容易形成稳定的生物群落，促进生态系统的良性循环。

（四）情感效应

园林树木除上述形体美和色彩美、嗅觉感知的芳香美、听觉感知的声音美之外，还有一种极富于思想感情的美即意境美：如松、竹、梅被称为“岁寒三友”，象征坚贞气节和理想，代表着高尚的品质。松苍劲古雅，不畏霜雪风寒的恶劣环境，能在严寒中挺立于高山之巅，具有坚贞不屈、高风亮节的品格，因此在园林中常用于烈士陵园，纪念革命先烈。竹被视作最有气节的君子，难怪苏东坡“宁可食无肉，不可居无竹”。园林景点中如“竹径通幽”最为常用。松竹绕屋更是古代文人喜爱之处。梅花不畏严寒的素质及虚心奉献的精神，象征其迎雪傲寒的精神。

此外，梅、兰、竹、菊被称为“四君子”，常形容有“气节”、超群脱俗的君子品格；荷花被视作“出污泥而不染，濯清莲而不妖”；紫荆象征兄弟和睦；含笑表示深情；红豆表示相思、恋念；桃花在民间象征幸福、交好运；杨树却有“白杨萧萧”，表示惆怅、伤感；柳树（垂柳）表示感情上的绵绵不舍、惜别；桑和梓表示家乡等；历史上的“玉、棠、春、富、贵”的观念，指玉兰、海棠、迎春、牡丹、桂花在欢乐的节日里开放，将带来全年精神上的欢乐与安慰。在日本，樱花盛开时，男女老少载歌载舞，举国欢腾；加拿大以糖槭树象征祖国大地，将树叶图案绘在国旗上；苏联在德国柏林建立的一座苏军纪念碑，旁置垂枝白桦（苏联乡土树种）表示哀思等。

第二节 植物造景的生态学基础

植物生长环境中的温度、水分、光照、土壤、空气等因子都对植物的生长发育产生重要的生态作用。因此，研究环境中各因子与植物的关系是植物造景的理论基础。某种植物长期生长在某种环境里，受到该环境条件的特定影响，通过新陈代谢，于是在植物的生活过程中就形成了对某些生态因子的特定需要，这就是其生态习性，如仙人掌耐旱不耐寒。有相似生态习性和生态适应性的植物则属于同一个植物生态类型。如水中生长的植物叫水生植物、耐干旱的叫旱生植物、需在强阳光下生长的叫阳性植物、在盐碱土上生长的叫盐生植物等。

一、环境对植物的生态作用

环境中各生态因子对植物的影响是综合的，也就是说植物是生活在综合的环境因子中。缺乏某一因子，或光、或水、或温度、或土壤，植物均不可能正常生长。环境中各生态因子又是相互联系、相互制约的，并非孤立的。温度的高低和地面相对湿度的高低受光照强度的影响，而光照强度又受大气湿度、云雾所左右。尽管组成环境的所有生态因子都是植物生长发育所必需的、缺一不可的，但对某一种植物，甚至植物的某一生长发育阶段的影响，常常有1—2个因子起决定性作用，这种起决定性作用的因子就叫“主导因子”。而其他因子则是从属于主导因子起综合作用的。如仙人掌是热带稀树草原植物，其主导因子是高温干燥。这种植物离开了高温就要死亡。又如高山植物长年生活在云雾缭绕的环境中，在引种到低海拔平地时，空气湿度是存活的主导因子，因此将其种在树荫下，一般较易成活。

（一）不同生态环境中生长着不同的植物种类

棕榈科中绝大部分种类都要求生长在温度较高的热带和亚热带南部地区的气候条件下，如椰子、伊拉克蜜枣、油棕、皇后葵、槟榔、鱼尾葵、散尾葵、糖棕、假槟榔等，落叶松、云杉、冷杉、桦木类等则要求生长在寒冷的北方或高海拔处，桃、梅、马尾松、木棉等要求生长在阳光充足之处，铁杉、金粟兰、阴绣球、虎刺、紫金牛、六月雪等喜欢蔽荫的生长环境，杜鹃、山茶、栀子花、白兰、芒箕等喜欢酸性土，在盐碱土上则生长碱蓬等，沙枣、沙棘、柠条、梭梭树、光棍树、龙血树、胡杨等在干旱的荒漠上顽强地生长着，而莲、睡莲、菱、蓬草等则生长在湖泊、池塘中。

（二）不同的环境影响植物体内有机物质的形成和积累

不同的环境除影响植物的外部形态及内部结构外，还影响植物体内有机物质的变化。很多药用植物从野生变栽培后变化很大。如欧乌头的根在寒冷的气候下变得无毒；金鸡纳在高温干旱条件下奎宁含量较高，在土壤湿度过大（饱和湿度的90%）环境种植时奎宁含量降低很多。一般认为，在气候温和、湿润地区野生植物和栽培植物各部分的物质形成是以淀粉、碳水化合物的总较多；相反，在大陆性气候地区，即空气和土壤都比较干燥，光线充足，有利于蛋白质和与蛋由质相近似的物质形成，不利于碳水化合物和油脂的形成。

二、温度对植物的作用及景观效果

温度是植物极重要的生活因子之一。地球表面温度变化很大，空间上，温度随海拔升高、纬度（北半球）的北移而降低；随海拔的降低、纬度的南移而升高。时间上，一年有四季的变化，一天有昼夜的变化。

(一) 温度对植物的影响

1. 温度三基点

温度的变化直接影响着植物的光合作用、呼吸作用、蒸腾作用等生理作用。每种植物的生长都有最低、最适、最高温度，称为温度三基点。热带植物如椰子、橡胶、槟榔等要求日平均温度在18℃才能开始生长；亚热带植物如柑橘、香樟、油桐、竹等在15℃左右开始生长；暖温带植物如桃、紫叶李、槐等在10℃，甚至不到10℃就开始生长；温带树种紫杉、白桦、云杉在15℃左右就开始生长。一般植物在0—35℃的温度范围内，随温度上升，生长加速，随温度降低生长减缓。热带干旱地区植物能忍受的最高极限温度为50—60℃。原产北方高山的某些杜鹃花科小灌木，如长白山自然保护区白头山顶的牛皮杜鹃、苞叶杜鹃、毛毡杜鹃都能在雪地里开花。

2. 温度的影响

原产冷凉气候条件下的植物，每年必须经过一段休眠期，并要在温度低于5—8℃才能打破，不然休眠芽不会轻易萌发。为了打破休眠期，桃需400h以上低于7℃的温度，越橘要800h，苹果则更长。低温会使植物遭受寒害和冻害，在低纬度地方，某些植物即使在温度不低于0℃也能受害，称之为寒害。高纬度地区的冬季或早春，当气温降到摄氏零度以下，导致一些植物受害，叫冻害。冻害的严重程度视极端低温的度数、低温持续的天数、降温及升温的速度而异，也以植物抗性大小而异，如1975—1976年冬春，全国各地很多植物普遍受到冻害，而昆明更为突出。此次寒潮的特点是冬寒早而突然，4天内共降温22.6℃，使植物没有准备；春寒晚而多起伏，寒潮期间低温期长，昼夜温差大而绝对最低温度在零下的日数多。受害最严重的是从澳大利亚引入作为行道树种的银桦和蓝桉，而原产当地的乡土树种却安然无恙。因此植物造景时，应尽量提倡应用乡土树种，适当控制南树北移、北树南移，最好经栽培试验后再应用，较为保险。如椰子在海南岛南部生长旺盛，果实累累，到广州北部则果实变小，产量明显降低，在广州不仅不易结果，甚至还有冻害。又如凤凰木原产热带非洲，在当地生长十分旺盛，花期长而先于叶放，引至海南岛南部，花期明显缩短，有花叶同放现象；引至广州，大多变成先叶后花，花的数量明显减少，甚至只有叶片而不开花，大大影响了景观效果。高温会影响植物的质量，如一些果实的果形变小，成熟不一，着色不艳。在园林实践中，常通过调节温度而控制花期，满足造景需要，如桂花属于亚热带植物，在北京桶栽，通常于9月份开花。为了满足国庆用花需要，通过调节温度，推迟到“十一”盛开，因桂花花芽在北京常于6—8月初在小枝端或者干上形成，当高温的盛夏转入秋季之后，花芽就开始活动膨大，夜间最低温度在17℃以下时就要开放，通过提高温度，就可控制花芽的活动和膨大。具体办法是在见到第一个花芽鳞片开裂活动时，就将桂花移入玻璃温室，利用白天室内吸收的阳光热和晚上紧闭门窗，能自然提高温度5—7℃，从而使夜间温度控制在17℃以上，这样花蕾生长受抑，到国庆节前两周，搬出室外，由于室外气温低，花蕾迅速长大，经过两周的生长，正好于国庆开放。

（二）物候与植物景观

植物景观依季节不同而异，季节以温度作为划分标准。如以平均温度10—22℃为春、秋季，22℃以上为夏季，10℃以下为冬季的话，广州夏季长达6个半月，春、秋连续不分，长达5个半月，没有冬季；昆明因海拔高达1900 m以上，夏日恰逢雨季，实际上没有夏季，春秋季长达10个半月，冬季只有1个半月；东北夏季只2个多月，冬季6个半月，春秋3个多月。由于同一时期南北地区温度不同，因此植物景观差异很大。春季，南北温差大，当北方气温还较低时，南方已春暖花开。如杏树分布很广，南起贵阳，北至东北的公主岭。从1963年记载的花期发现，除四川盆地较早外，贵阳开花最早，为3月3日，公主岭最迟，为4月20日，南北相差48天。从南京到泰安的杏树花期中发现，纬度每差1度，花期平均延迟约4.8天。又据1979年初春记载，西府海棠在杭州于3月20日开花，北京则于4月21日开花，两地相差32天。夏季，南北温差小，如槐树在杭州于7月20日始花，北京则于8月3日开花，两地相差13天。秋季，北方气温先凉。当南方还烈日炎炎时，而北方已秋高气爽了，那些需要冷凉气温才能于秋季开花的树木及花卉，则比南方要开得早。如菊花虽为短日照植物，但14—17℃才是始花的适宜温度。据1963年的物候记载，菊花在北京于9月28日开花，贵阳则于10月底始花，南北相差1个月。此外，秋叶变色也是由北向南延迟。

如桑叶在呼和浩特于9月25日变黄，北京则于10月15日变黄，两地相差20天。

（三）温度与各气候带的植物景观

寒温带针叶林景观：黑龙江、内蒙古北部属寒温带，海拔300—1000 m，年均温 -2.2—-5.5℃，最冷月均温 -28—-38℃，极端低温 -53℃，最热月均温16—20℃，活动积温1100—1700℃，年降水量300—500毫米，植物800余种。主要乔木有兴安落叶松、两伯利亚冷杉、云杉、樟子松、堰松、白桦、山杨、蒙古栎等。林内结构简单，乔木、草本，中间灌木层少。

温带针阔混交林景观：黑龙江大部、吉林东部、辽宁北部、哈尔滨、牡丹江、佳木斯、长春、抚顺等地属于此带。长白山、小兴安岭海拔500—1500m，年均温2.0—8.0℃，最冷月均温 -10—-25℃，极端低温 -35℃，最热月均温21—24℃，活动积温1600—3200℃，生长期120—150 d，年降水量600—800 mm，植物1900余种。主要植物有落叶松、红松、美人松、臭冷杉、紫杉、白桦、岳禅、蒙古栎、白杨、黄檗、槭树属、榛子、忍冬、越橘、长白漏斗菜、长白虎耳草、松毛菊等。藤本出现在林内的有北五味子、半钟铁线莲、深山木天蓼等。群落结构简单，层次少。

暖温带针阔混交林景观：辽宁大部、河北、山西大部、河南北部、甘肃南部、山东、江苏北部、安徽北部等属于此带。这一地带北起渤海湾，西至蒙古高原，南临秦岭，包括黄土高原、辽宁半岛、山东半岛，有著名的华山、泰山、嵩山、太白山、崎山等，地势起伏，海拔高低不匀。秦岭海拔3000 m以上，而华北平原仅50 m。年均温9.0—14℃，最冷月均温 -2—-13.8℃。极端低温：沈阳 -30.5℃，北京 -27.4℃，青岛 -16.4℃。最热月均温24—28℃，活动积温3200—4500℃。植物3500余种，年降水量一般为500 mm。该区域植被破坏严重，原始林主要是松栎混交林，其他如槭、椴、白蜡、杨、柳、榆、槐、椿、栾等树种。果树较多，有杏、桃、枣、苹果、梨、山楂、柿子、葡萄、核桃、板栗、海棠等。

亚热带常绿阔叶林景观：江苏、安徽大部、河南南部、陕西南部、四川东南、云南、湖南、湖北、江西、浙江、福建、广东、广西大部、台湾北部等地属于此带。此带地形复杂，植物种类极为丰富。年均温14—22℃，最冷月均温2.2—13℃，最热月均温28—29℃，活动积温4500—8000℃，自然植物景观中常绿阔叶林占绝对优势，其中山毛榉科、山茶科、木兰科、金缕梅科、樟科、竹类资源丰富。孑遗植物有银杏、水杉、银杉、金钱松等。平原地区自然的原始植被遭到破坏。有很多次生的马尾松、枫香及杉木林。经济林树种有油桐、茶、油茶、漆树、山核桃、香樟、棕榈、乌桕、桑等。果树有柑橘、枇杷、李、花红、石榴、银杏、柿、梅等。植物景观中有较多的落叶树种。

热带雨林景观：云南、广西、广东、台湾等的南部地区属于此带。如景洪、南宁、北海、湛江、海口、三亚、高雄等地，年均温22—26.5℃，最冷月均温16—21℃，极端低温大于5℃，最热月均温26—29℃，活动积温8000—10000℃。全年基本无霜，降雨量极为丰富，1200—2200 mm。这一带植物种类极为丰富，棕榈科、山榄科、紫葳科、茜草科、木棉科、楝科、无患子科、梧桐科、桑科、龙脑香科、橄榄科、大戟科、番荔枝科、肉豆蔻科、藤黄科、山龙眼科等树种较多。雨林内植物种类繁多，层次结构复杂，少则4—5层，多则7—8层。藤本植物种类增加，尤其多木本大藤本。出现层间层、绞杀现象、板根现象、附生景观，林下有极耐阴的灌木、大叶草本植物和大型蕨类植物。

三、水分对植物的生态作用及景观效果

水分是植物体的重要组成部分。一般植物体都含有60%—80%甚至90%以上的水分。植物对营养物质的吸收和运输，以及光合、呼吸、蒸腾等生理作用，都必须在有水分的参与下才能进行。水是植物生存的物质条件，也是影响植物形态结构、生长发育、繁殖及种子传播等重要的生态因子。因此，水可直接影响植物是否能健康生长。自然界水的状态有固体状态（雪、霜、霰、雹）、液体状态（雨水、露水）、气体状态（云、雾等）。雨水是主要来源，因此年降雨量、降雨的次数、强度及异常情况均直接影响植物的生长与景观。

（一）空气湿度与植物景观

空气湿度对植物生长起很大作用。在云雾缭绕、高海拔的山上，有着千

姿百态、万紫千红的观赏植物，它们长在岩壁上、石缝中、瘠薄的土壤母质上，或附生于其他植物上。这类植物没有坚实的土壤基础，它们的生存与较高的空气湿度休戚相关。在高温高湿的热带雨林中，高大的乔木上常附生有大型的蕨类，如鸟巢藤、岩姜蕨、书带蕨、星蕨等，植物体呈悬挂、下垂姿态，抬头观望，犹如空中花园，这些藤类都发展了自己特有的贮水组织。海南岛尖峰岭上，由于树干、树杈以及地面长满苔藓，地生兰、气生兰到处生长；天目山、黄山的云雾草必须在高海拔处，具有足够的空气湿度才能附生在树上，花朵艳丽的独蒜兰和吸水性很强的苔藓，一起生长在高海拔的岩壁上；黄山鳌鱼背的土壤母质上生长着绣线菊等耐瘠薄的观赏植物，但主要还是依靠较高的空气湿度维持生长。上述这些自然的植物景观可以模拟，只要创造相对空气湿度不低于80%时，我们就可以在展览温室中进行人工的植物景观创造，一段朽木上就可以附生很多花朵艳丽的气生兰、花与叶部美丽的凤梨科植物以及各种蕨类植物。

（二）水与植物景观

不同的植物种类，由于长期生活在不同水分条件的环境中，形成了对水分需求关系上不同的生态习性和适应性。根据植物对水分的关系，可把植物分为水生、湿生（沼生）、中生、旱生等生态类型，它们在外部形态、内部组织结构、抗旱、抗涝能力以及植物景观上都是不同的。园林中有不同类型的水面如河、湖、塘溪、潭、池等，不同水面的水深及面积、形状不一，必须选择相应的植物来美化。

第三节　植物造景的基本原理

一、植物与环境的生态一致性原理

植物所生活的空间叫作环境，任何物质都不能脱离环境单独存在。不同环境中生活着不同的植物种类。环境因子中，温度对植物的生态作用而形成有耐寒、喜凉、喜温、耐热的生态类型及各气候带的植物景观；水分对植物的生态作用而形成有水生、湿生、沼生、中生、旱生等生态类型及其各种景观；光照对植物的生态作用则形成有阳性、阴性、耐阴植物的生态类型；土壤对植物的生态作用，不同基质、不同性质的土壤有不同的植被和景观。温度、水分、光照、土壤等环境因子对植物个体的生态作用，形成其生态习性。另外，环境中各生态因子对园林植物的影响是综合的，也就是说植物是生活在综合的环境因子中。单一的生态因子无论对园林植物有怎样重要的意义，它的作用只有在其他因子的配合下才能显示出来，缺乏任一生态因子，如温、光、水、气、肥（土壤），植物均不能正常生长。环境中各生态因子又是相互联系、相互促进、相互制约的，环境中任何一个单因子的变化必将引起其他因子不同程度的变化，这是植物造景的理论基础之一。植物造景是应用乔木、灌木、藤木及草本植物为题材来创作景观的，因而必须从丰富多彩的内然植物群落及其表现的形象中汲取创作源泉。植物造景中栽培植物群落的种植设计，必须遵循自然植物群落的发展规律。自然植物群落的组成成分、外貌、季相，自然植物群落的结构、垂直结构与分层现象，群落中各植物种间的关系等，这些都是植物造景中栽培植物群落设计的科学性理论基础。植物造景的种植设计，如果所选择的植物种类不能与种植地点的环境和生态相适应，就不能存活或生长不良，也就不能达到造景的要求；如果所设计的栽培植物群落不符合自然植物群落的发展规律，也就难以成长发育，达到预期的艺术效果。所以应顺其自然，掌握自然植物群落的形成和发育，其种类、结构、层次和外貌等是搞好植物造景的基础。

二、园林植物配置的美学原理

完美的植物景观设计必须具备科学性与艺术性两个方面的高度统一，既要满足植物与环境在生态适应性上的统一，又要通过艺术构图原理，体现植物个体及群体的形式美及人们在欣赏时所产生的意境美。植物景观设计中艺术性的创造既细腻又复杂。诗情画意的体现需借鉴绘画艺术原理及古典文学的运用，巧妙地、充分地利用植物的形体、线条、色彩、质地进行构图，并通过植物的季相及生命周期的变化，使之成为一幅活的动态构图。

以自然美为基础，结合社会生活，按照美的规律进行植物、建筑景观创作，称为园林丛术。植物的生长虽然具有时间变化，但相对来说是比较缓慢的，不易被察觉，静的内容胜过动的内容，而且可以触摸，视觉能够感受，感受力持久且丰富多彩，将有形世界中的自然美再现于园林之中，甚至因集锦而提高了自然美，因此，园林艺术也可归入造型艺术的范畴。造型艺术的表现原则即为园林艺术造型的原则。

（一）统一与变化的原则

园林艺术应用统一的原则是指园林中的组成部分，它们的体形、体量、色彩、线条、形式、风格等，要求有一定程度的相似性或一致性，给人以统一的感觉。由于一致性的程度不同，因而引起统一感的强弱也不同。一些十分相似的园林组成部分即产生整齐、庄严、肃穆的感觉，但过分一致又觉呆板、郁闷、单调。所以，园林中常要求统一中有变化，或是变化中有统一，即“多样统一”的原则。运用重复的方法最能体现植物景观的统一感。如街道绿带中行道树绿带，用等距离配置同种、同龄乔木树种，或在乔木下配置同种、同龄花灌木，这种重复最具统一感。一座城市中树种规划时，分基调树种、骨干树种和一般树种。基调树种种类少，但数量大，形成该城市的基调及特色，起到统一的作用；而一般树种，则种类多，数量少，五彩缤纷，起到变化的作用。骨干树种指在对城市影响最大的道路、广场、公园的中心点、边界等地应用的孤赏树、绿荫树及观花树木。骨干树种能形成全城的绿化特色，一般以20～30种为宜。

（二）协调与对比的原则

在园林中协调的表现是多方面的，如体形、色彩、线条、比例、虚实、光暗等，都可以作为要求协调的对象。景物的相互协调必须相互有关联，而且含有共同的因素，甚至相同的属性。

1. 形象的对比与调和

在植物造景中，乔木的高大和灌木的矮宽、尖塔形树冠与卵形树冠，有着明显的对比，但从植物、树冠上来看，其本身又是调和的。

2. 体量上的对比与调和

在各种植物中，有着体量上的很大差别，以其长成期一般生态的相差级数的不同来对比，可取得不同的景观效果。如以假槟榔和蒲葵对比，很能突出假槟榔和蒲葵，而它们的姿态又是调和的。

3. 色彩的对比与调和

彩色构图中红、黄、蓝三原色中任何一原色同其他两原色混合成的间色组成互补色，从而产生一明一暗、一冷一热的对比色。它们并列时相互排斥、对比强烈，呈现跳跃新鲜的效果。用得好，可以突出主题、烘托气氛。如红色与绿色为互补色，黄色与紫色为互补色，蓝色和橙色为互补色。植物叶色大部分为绿色，但也不乏红、黄、白、紫各色。

植物的花色之丰富多彩也是无与伦比的。运用色彩对比可获得鲜明而引人入胜的良好效果。如梓树金黄的秋色叶与浓绿的栲树，在色彩上形成了鲜明的一明一暗的对比。运用色彩调和则可获得宁静、稳定与舒适优美的环境。

4. 虚实的对比与调和

植物有常绿与落叶之分；树木有高矮之分，树冠为实，冠下为虚；园林空间中林木葱茏是实，林中草地则是虚。实中有虚，虚中有实，才使园林空间有层次感，有丰富的变化。

5. 开闭的对比与调和

在园林中有意识地创造有封闭又有开放的空间，可以形成有的局部空旷、有的局部幽深，是园林高于自然的方面之一。在那些真正的自然森林中，只有封闭，难有空旷之处，不免使人心寒胆颤，这是自然风景的可怖之处。园林环境中有封闭又有空旷空间，互相对比，互相烘托，可起到引人入胜、流连忘返的效果。

6. 高低的对比与调和

园林景观很讲究高低对比、错落有致，除行道树之外忌讳高低一律。利用植物的高低不同，组织成有序列的景观，但又不能是均匀的波形曲线，而应该做成优美的天际线，即线形优美的林冠线，在晚霞或晨曦的映衬下，悠远宁静。

另外，利用高耸的乔木和低矮的灌木整形绿篱种植在一个局部环境之中，垂直向上的绿柱体和横向延伸的绿条，会形成鲜明对比，产生强烈的艺术效果。

(三) 对称与平衡的原则

对称是客观世界的实际规律在艺术中的反映，在造型艺术中起着一定的作用，它在园林的整体或局部空间，通过和谐的布置而达到感觉上的对称，使人舒适愉快。生物体自然存在着两种对称：一是两侧对称，如植物的对生叶、羽状复叶等；二是辐射对称，如菊花头状花序上的轮生舌状花等。引起对称感的实体时常是一对同属的物质，给人的感觉是具体的、严肃的，这种同属性物质造成的对称有时又称为平衡或均衡，如我国古典园林大门口外的一对狮子、一对槐树等。

(四) 均衡的原则

均衡是植物配置时的一种布局方法。园林是由植物、山水及建筑等组成的，它们都表现出不同的重量感。在平面上表示轻重关系适当的就是均衡，在立面上表示轻重关系适宜的则为稳定。将体量、质地各异的植物种类按均衡的原则配置，景观就显得稳定、顺眼。如色彩浓重、体量庞大、数量繁多、质地粗厚、枝叶茂密的植物种类，给人以厚重的感觉；相反，色彩素淡、体量小巧、数量少、质地细柔、枝叶疏朗的植物种类，则给人以轻盈的感觉。根据周围环境，在配置时有规则式均衡（对称式）和自然式均衡（不对称式）两种形式。规则式均衡常用于规则式建筑及庄严的陵园或雄伟的皇家园林中，如门前两旁配置对称的两株桂花，楼前配置等距离、左右对称的南洋杉、龙爪槐等，陵墓前、主路两侧配置对称的松或柏等。自然式均衡常用于花园、公园、植物园、风景区等较自然的环境中。一条蜿蜒曲折的园路两旁，路右若种植一棵高大的雪松，则邻近的左侧须植以数量较多、单株体量较小、成丛的花灌木，以达到均衡的效果。

(五) 韵律和节奏的原则

配置中有规律的变化，就会产生韵律感。如路旁的行道树用一种或两种以上植物的重复出现形成韵律。一种树等距离排列称为“简单韵律”，比较单调而且装饰效果不大，如果两种树木，尤其是一种乔木和一种花灌木相间排列就显得活泼一些，称为“交替韵律”。如果三种植物或更多一些交替排列，会获得更丰富的韵律感。人工修剪的绿篱可以剪成各种形式的变化，如方形起伏的成垛状、弧形起伏的波浪状，形成一种“富有节奏的形状韵律”。

三、园林植物配置的经济实用原理

园林植物配置在满足生态和美观要求的同时，还要兼顾经济原则。有的规划配置为了追求新、奇，大量应用近年引育成功的外来植物，而抗逆性强、粗生粗长的乡土植物则用之甚少或弃之不用，最终结果是成本和管理方面费用高。另外，不同的绿地恰当地表现植物景观的自然美或人工美，可起到较理想的效果。一些地方不分绿地大小、性质，凡树都修剪整形，植物材料变成了塑造几何形体的载体，以突出其出色的园林建设和管理水平。如某市道路的行道树，每条路上的都剪，并且每条路上的都剪出不同的柱形、塔形、伞形、球形；分车绿带也是每带都剪得规则有形，带上的灌木被修剪成球体、花篮、元宝、动物、建筑（小屋）。这样的人工处理，虽与具有规则建筑、道路的城市环境取得了很好的协调效果，但每年维持造型所付出的人力、财力将大大超出建设当初的投入，造成较大的浪费。

第七章

植物造景设计的程序、原则和方法

很多从事景观规划设计的人仅仅把园林植物当作是一种配置在建筑周围的附属品，这是十分荒谬的。事实上，园林植物在很大程度上奠定了项目基地的特色，并发挥着巨大的生态效益。植物对于整体景观设计的成败，有着至关重要的作用。

在植物景观规划设计过程中，园林设计师寻求的是一套可以解决由客户和客户群的需要所产生的一系列相关问题的综合性解决方案。最后的设计结果必须将设计目标与场地的局限性结合起来，并提供一个协调的生存环境。

第一节 植物造景设计的基本程序

一、现状勘察与分析

无论是怎样的设计项目，设计师都应该尽量详细地掌握项目的相关信息，并根据具体的要求以及对项目的分析理解，来编制设计意向书。

(一) 获取项目信息

这一阶段需要获取的信息应根据具体的设计项目而定，而能够获取的信息往往取决于委托人（甲方）对项目的态度和认知程度，或者设计招标文件的翔实程度。这些信息将直接影响到下一环节——现状的调查，乃至植物功能、景观类型、种类等的确定。

1. 了解甲方对项目的要求

方式一：通过与甲方交流，了解委托人对植物景观的具体要求、喜好、预期的效果，以及工期、造价等相关内容。

这种方式可以通过对话或者问卷的形式获得，在交流过程中，设计师可参考以下内容进行提问：

(1) 公共绿地（如公园、广场、居住区游园等绿地）的植物配置

①绿地的属性：使用功能、所属单位、管理部门、是否向公众开放等。

②绿地的使用情况：使用的人群、主要开展的活动、主要使用的时间等。

③甲方对绿地的期望及要求。

④工程期限、造价。

⑤主要参数和指标：绿地率、绿化覆盖率、植物数量和规格等。

⑥有无特殊要求，如观赏、功能等方面。

(2) 私人庭院的植物配置

①家庭情况：家庭成员及年龄、职业等。

②甲方的喜好：喜欢（或不喜欢）何种颜色、风格、材质、图案等，喜欢（或不喜欢）何种植物，喜欢（或不喜欢）何种植物景观等。

③甲方的喜好：是否喜欢户外的运动、喜欢何种休闲活动、是否喜欢园艺活动、是否喜欢晒太阳等。

④空间的使用：主要开展的活动、使用的时间等。

⑤甲方的生活方式：是否有晨练的习惯、是否经常举行家庭聚会、是否饲养宠物等。

⑥工程期限、造价。

⑦特殊需求。

方式二：通过设计招标文件，掌握设计项目对于掌握的具体要求、相关技术指标（如绿化率等），以及整个项目的目标定位、实施意义、服务对象、工期、造价等内容。

2. 获取图纸资料

在该阶段，甲方应该向设计师提供基地的测绘图、规划图、现状树木分布位置图，以及地下管线图等图纸，设计师根据图纸，可以确定以后可能的栽植空间以及栽植方式，可以根据具体的情况和要求进行植物景观的规划设计。

(1) 测绘图纸或者规划图

设计师从图纸中可以获取的信息包括：设计范围（红线范围、坐标数字）；园址范围内的地形、标高；现有或者拟建的建筑物、构筑物、道路等设施的位置，以及保留利用、改造和拆迁等情况；周边工矿企业、居住区的范围，以及今后发展状况、道路交通状况等。

(2) 现状树木分布位置图

图中包含现有树木的位置、品种、规格、生长状况以及观赏价值等内容，以及现有的古树名木情况，需要保留植物的状况等。

(3) 地下管线图

图内包括基地中所有要保留的地下管线，以及设施的位置、规格，以及埋深深度等。

3. 获取基地其他的信息

该地段的自然状况：水文、地质、地形、气候等方面的资料，包括地下水位，年与月降雨量，年最高和最低温度及其分布时间，年最高和年最低湿度及其分布时间、主导风向、最大风力、风速，以及冰冻线深度等。

植物状况：地区内乡土植物种类、群落组成，以及引种植物情况等。

人文历史资料调查：地区性质、历史文物、当地的风俗习惯、传说故事、居民人口和民族构成等。

以上的这些信息，有些或许与植物的生长并无直接联系，比如周围的景观、人们的活动等，但是实际上这些潜在的因子却能够影响或者指导设计师对于植物的选择，从而影响植物景观的创造。总之，设计师在拿到一个项目之后，要多方收集资料，尽量详细、深入地了解这一项目的相关内容，以求全面掌握可能影响植物生长的各个因子。

(二) 现场勘察与测绘

1. 现场勘察

无论何种项目，设计者都必须认真到现场进行实地勘察。一方面是在现场核对所收集到的资料，并通过实测，对欠缺的资料进行补充。另一方面，设计者可以进行实地的艺术构思，确定植物景观大致的轮廓或者配置形式，通过视线分析来确定周围景观对该地段的影响，“佳者收之，俗者屏之”。在现场，通常针对以下内容进行调查：

自然条件：温度、风向、光照、水分、植被及群落构成、土壤、地形地势以及小气候等。

人工设施：现有道路、桥梁、建筑、构筑物等。

环境条件：周围的设施、环境景观、视域、可能的主要观赏点等。

2. 现场测绘

如果甲方无法提供准确基地测绘图，设计师就需要进行现场实测，并根据实测结果绘制基地现状图。基地现状图中应该包含基地中现存的所有元素，如建筑、构筑物、道路、铺装、植物等。需要特别注意的是，场地中的植物，尤其是需要保留的有价值的植物，对它们的胸径、冠幅、高度等进行测量并记录。另外，如果场地中某些设施需要拆除或者移走，设计师最好再绘制一张基地设计条件图，即在图纸上仅标注基地中需要保留下来的元素。

在现状调查过程中，为了防止出现遗漏情况，最好将需要调查的内容编制成表格，在现场一边调查，一边填写。有些内容，比如建筑物的尺度、位置以及视觉质量等，可以直接在图纸中进行标示，或者通过照片加以记录。

(三) 现状分析

1. 现状分析的内容

现状分析是设计的基础、设计的依据，尤其是对于与基地环境因素密切相关的植物。基地的现状分析更是关系到植物的选择、植物的生长、植物景观的创造、功能的发挥等一系列问题。

现状分析的内容包括：基地自然条件(地形、土壤、光照、植被等)分析、环境条件分析、景观定位分析、服务对象分析、经济技术指标分析等多个方面。由此可见，现状分析的内容是比较复杂的，要想获得准确的分析结果，一般要多专业配合，按照专业分项进行，然后将分析结果分别标注在一系列的底图上(一般使用硫酸纸等透明的图纸材料)，然后将它们叠加在一起，进行综合分析，并绘制基地的综合分析图。这种方法称为“叠图法”，是现状分析常用的方法。如果使用CAD绘制就要简单些，可以将不同的内容，绘制在不同的图层中，使用时根据需要打开或者关闭图层即可。

现状分析是为了下一步的设计打基础。对于植物造景设计而言，凡是与植物有关的因素，都要加以考虑，比如光照、水分、温度、风以及人工设施、地下管线、视觉质量等。

2. 现状分析图

现状分析图主要是将收集到的资料以及在现场调查得到的资料，利用

特殊的符号标注在基地底图上，并对其进行综合分析和评价。现状分析的目的是为了更好地指导设计，所以不仅仅要有分析的内容，还要有分析的结论。

（四）编制设计意向书

对基地资料进行分析、研究之后，设计者需要定出总体设计原则和目标，并制定出用以指导设计的计划书，即设计意向书。设计意向书可以从以下几个方面入手：

1. 设计的原则和依据；
2. 项目的类型、功能定位、性质特征等；
3. 设计的艺术风格；
5. 主要的功能区及其面积估算；
6. 投资概算；
7. 预期目标；
8. 设计时需要注意的关键问题等。

二、功能分区

（一）功能分区草图

设计师根据现状分析以及设计意向书，可以确定基地的功能区域，将基地划分为若干功能区，在此过程中，需要明确以下问题：

1. 场地中需要设置何种功能，每一种功能所需的面积如何。

2. 各个功能区之间的关系如何，哪些必须联系在一起，哪些必须分隔开。

3. 各个功能区服务对象有哪些，需要何种空间类型，比如是私密的，还是开敞的等。

通常设计师利用圆圈或者其他抽象的符号表示功能分区，即泡泡图。图中应标示出分区的位置、大致范围，各分区之间的联系等。该庭院划分为入口区、集散区、活动区、休闲区、工作区等。入口区是出入庭院的通道，应该视野开阔，具有可识别性和标志性；聚散区位于住宅大门与车道之间，作为室内外过渡空间，用于主人日常交通或迎送宾客；活动区主要开展一些小型的活动或者举行家庭聚会的空间，以开阔的草坪为主；休闲区主要为主人及其家庭成员提供一个休闲、放松、交流的空间，利用树丛围合；工作区作为家庭成员开展园艺活动的一个场所，设计一个小菜园。这一过程应该绘制多个方案，并深入研究和比照，从中选择一个最佳的分区设置组合方案。

在功能分区示意图的基础上，根据植物的功能，来确定植物功能分区，即根据各分区的功能，确定植物主要配置方式。在五个主要的功能分区的基础上，植物分为防风屏障、视觉屏障、隔音屏障、开阔草坪、蔬菜种植地等。

（二）功能分区细化

1. 程序和方法

结合现状分析，在植物功能分区的基础上，将各个功能分区继续分解为若干不同的区段，并确定各区段内的种植形式、类型、大小、高度、形态等内容。

2. 具体步骤

（1）确定种植范围。用图线标示出各种植区域和面积，并注意各个区域之间的联系和过渡。

（2）确定植物的类型。根据植物种植分区规划图选择植物类型，只须确定是常绿的，还是落叶的，是乔木、灌木、地被、花卉、草坪中的哪一类，并不用确定具体的植物名称。

（3）分析植物组合效果。主要是明确植物的规格，最好的方法是通过测绘立面图。设计师通过立面图分析植物高度组合，一方面可以判定这种组合是否能够形成优美、流畅的林冠线；另一方面也可以判断这种组合是否能够满足功能需要，比如私密性、能否防风等。

（4）选择植物的颜色和质地。在分析植物组合效果的时候，可以适当考虑一下植物颜色和质地的搭配，以便在下一环节能够选择适宜的植物。

以上这两个环节都没有涉及具体的某一株植物，完全从宏观入手确定植物的发布情况，就如同绘画一样，首先需要建立一个整体的轮廓，而非具体的某一细节，只有这样，才能保证设计中各部分紧密联系，形成一个统一的整体。另外，在自然界中，植物的生长也并非孤立的，而是以植物群落的方式存在的，这样的植物景观效果最佳、生态效益最好，因此，植物造景设计，应该首先从总体入手。

第二节 植物造景设计的基本原则

一、科学性原则

植物是有生命力的有机体，每一种植物对其生态环境都有特定的要求，在利用植物进行景观造景设计时，必须先满足其生态要求。如果景观设计中的植物种类不能与种植地点的环境和生态相适应，植物就不能存活或生长不良，也就不能达到预期的景观效果。

（一）以乡土树种为主

乡土植物是在本地长期生存并保留下来的植物，它们在长期的生长进化过程中，已经对周围环境有了高度的适应性。因此，乡土植物在当地来说是最适宜生长的，也是体现当地特色的主要因素，它理所当然地成为城市绿化的主要来源。

（二）因地制宜

在景观设计时，要根据设计场地生态环境的不同，因地制宜地选择适当的植物种类，使植物本身的生态习性和栽植地点的环境条件基本一致，使方案能最终得以实施。这就要求设计者首先对设计场地的环境条件（包括温度、湿度、光照、土壤和空气）进行勘测和综合分析，然后才能确定具体的种植设计。例如，在有严重 SO_2 污染的工业区，应种植酢浆草、金鱼草、白皮松、毛白杨等抗污树种；在土壤盐碱化严重的黄河三角洲地区，应选用合欢、黄栌等耐盐碱植物；在建筑的阴面或林荫下，则应种植玉簪、棣棠、珍珠梅等耐阴植物。

（三）师法自然

植物造景设计中，栽培群落的设计，必须遵循自然群落的发展规律，并从丰富多彩的自然群落组成、结构中借鉴，保持群落的多样性和稳定性，这样才能从科学性上获得成功。自然群落内各种植物之间的关系是极其复杂和矛盾的，主要包括寄生关系、共生关系、附生关系、生理关系、生物化学关系和机械关系。在实现植物群落物种多样性的基础上，考虑这些种间关系，有利于提高群落的景观效果和生态效益。例如，温带地区的苔藓、地衣常附生在树干上，不但形成了各种美丽的植物景观，而且还改善了环境的生态效应；而白桦与松、松与云杉之间具有对抗性，核桃叶分泌的核桃醌对苹果有毒害作用。

二、艺术性原则

完美的植物景观必须具备科学性与艺术性两方面的高度统一，既满足植物与环境在生态适应上的统一，又要通过艺术构图原理体现出植物个体及群体的形式美，以及人们欣赏时所产生的意境美。植物景观中，艺术性的创造是极为细腻复杂的，需要巧妙地利用植物的形体、线条、色彩和质地进行构图，并通过植物的季相变化，来创造瑰丽的景观，表现其独特的艺术魅力。

(一)形式美法则

植物景观设计同样遵循着绘画艺术和景观设计艺术的基本原则，即统一、调和、均衡和韵律四大原则。植物的形式美是植物及其“景”的形式，一定条件下，在人的心理上产生的愉悦感反应。它由环境、物理特性、生理感应三要素构成。即在一定的环境条件下，对植物间色彩明暗的对比、不同色相的搭配及植物间高低大小的组合，进行巧妙的设计和布局，从而形成富于统一变化的景观构图，以吸引游人，供人们欣赏。

(二)时空观

园林艺术讲究动态序列景观和静态空间景观的组织。植物的生长变化造就了植物景观的时序变化，极大地丰富了景观的季相构图，形成“三时有花、四时有景”的景观效果；同时，规划设计中还要合理配置速生和慢生树种，兼顾规划区域在若干年后的景观效果。此外，植物景观设计时，要根据空间的大小，树木的种类、姿态、株数的多少及配置方式，运用植物组合美化、组织空间，与建筑小品、水体、山石等相呼应，协调景观环境，起到屏俗收佳的作用。

（三）意境美

园林中的植物花开草长、流红滴翠，漫步其间，使人们不仅可以感受到芬芳的花草气息和悠然的天籁，而且还可以领略到清新隽永的诗情画意，使不同审美经验的人产生不同的审美心理的思想内涵和意境。意境是中国文学和绘画艺术的重要表现形式，同时也贯穿于园林艺术表现之中，即借植物特有的形、色、香、声、韵之美，表现人的思想、品格、意志，创造出寄情于景和触景生情的意境，赋予植物人格化。这一从形态美到意境美的升华，不但含义深邃，而且达到了“天人合一”的境界。

三、实用性原则

在植物造景设计和配置的过程中，应充分考虑到群落的稳定性原则，既要考虑面前的园林景观效果，又要充分考虑长远的效果，预见今后植物景观的变化，以保持园林植物景观的相对稳定性和可持续性。在平面上要有合理的种植密度，使植物有足够的营养空间和生长空间。一般应该根据成年树木树冠大小来决定种植距离，为了在短期内达到较好的配置效果，可适当缩小种植距离，几年以后再间移，还可以适当选用大树栽植。此外，合理安排快生树和慢生树的比例，在竖向设计上，注意将喜光与耐阴、深根性与浅根性等不同类型的植物合理搭配，在满足植物生态条件下创造稳定的植物景观。

城市园林绿化还须遵循生态经济原则，在节约成本、方便管理、地养护的基础上，尽可能以最少的投入获得最大的生态效益和社会效益。尽量选用适应性强、苗木易得的乡土树种，多选用寿命长、生长速度中等、耐粗放管理、耐修剪的植物。还可以选择一些经济价值高、观赏效果好的经济林果，使观赏性与经济效益有机地结合起来。

第三节 植物造景设计的主要方法

一、整体规划法

整体规划法是最基本的美学法则。在园林植物景观设计中，设计师必须将景观作为一个有机的整体加以考虑，统筹安排。整体规划法是以完形理论（Gestalt）为基础，通过发掘设计中各个元素相互之间内在和外在的联系，运用调和与对比、过渡与呼应、主景与配景以及节奏与韵律等手法，使景观在形、色、质地等方面，产生统一而又富于变化的效果。调和是利用景观元素的近似性，使人们在视觉上、心理上产生协调感。如果其中某一部分发生改变，就会产生差异和对比。这种变化越大，这一部分与其他元素的反差越大，对比也就越强烈，越容易引起人们注意。最典型的例子就是"万绿丛中一点红"，"万绿"是调和，"一点红"是对比。在植物景观设计过程中，主要从外形、质地、色彩等方面实现调和与对比，从而达到整体、统一的效果。

二、层次比例法

（一）主景与配景

一部戏剧必须区分主角与配角，才能形成完整清晰的剧情。植物景观也是一样，只有明确主从关系，才能够达到统一的效果。植物按照它在景观中的作用分为主调植物、配调植物和基调植物，它们在植物景观的主导位置依次降低，但数量却依次增加。也就是说，基调植物数量最多，就如同群众演员，同配调植物一起围绕着主调植物展开。

在植物配置时，首先确定一两种植物作为基调植物，使之广泛分布于整个园景中；同时，还应根据分区情况，选择各分区的主调树种，以形成各分区的风景主体。如杭州花港观鱼公园，按景色分为五个景区，在树种选择时，牡丹园景区以牡丹为主调植物，鱼池景区以海棠、樱花为主调树种，大草坪景区以合欢、雪松为主调树种，花港景区以紫薇、红枫为主调树种，而全园又广泛分布着广玉兰为基调树种。这样，全园景观因各景区不同的主调树种而丰富多彩，又因一致的基调树种而协调统一。在处理具体的植物景观时，应选择造型特殊、颜色醒目、形体高大的植物作为主景，比如油松、灯台树、枫杨、合欢、凤凰木等，并将其栽植在视觉焦点或者高地上，通过与背景的对比，突出其主景的位置，在低矮灌木的“簇拥”下，乔木成为视觉的焦点，自然就成为景观的主体了。

(二) 过渡与呼应

当景物的色彩、外观、大小等方面相差太大，对比过于强烈时，在人的心里会产生排斥感和离散感，景观的完整性就会被破坏。利用过渡和呼应的方法，可以加强景观内部的联系，消除或者减弱景物之间的对立，从而达到统一的效果。

无论是图形、立体、色彩，还是尺度，都可以找到介于两者之间的中间值，从而将两者联系起来。比如配置植物时，如果两种植物的颜色对比过于强烈，可以通过调和色或者无彩色，如白色、灰色等形成过渡。如果说“过渡”是连续的，则“呼应”就是跳跃的，主要是利用人的视觉印象，使分离的两个部分在视觉上形成联系，比如水体两岸的植物无法通过其他实体景物来产生联系，但可以栽植色彩、形状相同中间色调植物或相似的植物形成呼应，在视觉上将两者统一起来。对于具体的植物景观，常常利用“对称和均衡”的方法形成景物的相互呼应，比如对称布置两株一模一样的植物，在视觉上相互呼应，从而形成“笔断意连”的完整界面。

三、色彩运用法

色彩中同一色系比较容易调和，并且色环上两种颜色的夹角越小，也就越容易调和，比如黄色和橙黄色，红色和橙红色等；随着夹角的增大，颜色的对比也逐渐增强。色环上相对的两种颜色，即互补色，对比是最强烈的，比如红和绿、黄和紫等对于植物的群体效果，首先应该根据当地的气候条件、环境色彩、风俗习惯等因素，来确定一个基本色调，选择一种或几种相同颜色的植物进行大面积的栽植，构成景观的基调、背景，也就是常说的基调植物。基调植物通常多选用绿色植物，因绿色令人放松、舒适，而且绿色在植物色彩中最为普遍，虽然由于季节、光线、品种等原因，植物的绿色也会有深浅、明暗、浓淡的变化，但这仅是明度和色相上的微差，当作为一个整体出现时，是一种因为微差的存在而形成的调和之美。因此植物景观，尤其是大面积的植物造景，多以绿色植物为主，比如颐和园以松柏类作为基调植物，花港观鱼以绿草坪作为基底，并配以成片的雪松形成雪松草坪景观，色调统一协调。当然，绿色也并非绝对的主调。布置花坛时，就需要根据实际情况选择主色调，并尽量选用与主色调同一色系的颜色作为搭配，以避免颜色过多而显得杂乱。

在总体调和的基础上，适当地点缀其他颜色，以构成色彩上的对比，比如大面积的紫叶小檗模纹中配以由金叶女贞或者金叶绣线菊构成的图案，紫色与黄色形成强烈的对比，图案醒目。由桧柏构成整个景观的基调和背景，再配置京桃、红瑞木、京桃粉白相间的花朵、古铜色的枝干，与深绿色桧柏就会形成柔和的对比，而红瑞木鲜红的枝条与深绿色桧柏形成强烈的对比。

进行植物色彩搭配时，应该注意尺度的把握，不要使用过多过强的对比色，对比色的面积要有所差异，否则会显得杂乱无章。当使用多种色彩的时候，应该注意按照冷色系和暖色系分开布置，为了避免反差过大，可以在它们之间利用中间色或者无彩色（白色、灰色）进行过渡。

总之，无论怎样的园林风格，都要始终贯彻调和与对比原则，首先从总体上确定一个基本形式（形状、质地、色彩），作为植物选配的依据，在此基础上，进行局部适当的调整，从而形成对比。如果说调和是共性的表现，那对比就是个性的突出，两者在植物景观设计中是缺一不可的。

第八章

园林植物造景设计

第一节　园林植物与建筑的景观配置

园林建筑属于园林中以人工美取胜的硬质景观，是景观功能和实用功能的结合体，优秀的建筑物在园林中本身就是一景，但其建成之后在色彩、风格、体量等方面已经固定不变，缺乏活力。植物体是有生命的活体，有其生长发育规律，具有大自然的美，是园林构景中的主体。若将园林建筑与植物相搭配，则可弥补其不足，相得益彰。无论是古典园林，还是现代化的园林；无论是街头绿地，还是大规模的综合性公园，各种各样的园林建筑和植物配置，都会引起游人的兴趣，给人们留下深刻的印象。因此，园林建筑和植物配置的协调统一，是表达景观效果的必要前提，是园林中不可缺少的组成部分。

一、园林建筑与植物配置的相互作用

(一) 园林建筑对植物配置的作用

建筑的外环境、天井、屋顶为植物种植提供基址，同时，通过建筑的遮、挡、围的作用，能够为各种植物提供适宜的环境条件。园林建筑对植物造婊起到背景、框景、夹景的作用，如江南古典私家园林中的各种门、窗、洞，就对植物起到框景、夹景的作用，形成“尺幅窗”和“无心画”，和植物一起组成优美的构图。园林建筑、匾额、题咏、碑刻和植物共同组成园林景观，突出园林的主题和意境。匾额、题咏、碑刻等文学艺术是园林建筑空间艺术的组成部分，在它们和植物共同组成的景观中，蕴含着园林主题和意境。

(二) 植物配置对园林建筑的作用

1. 植物配置使园林建筑的主题和意境更加突出

在园林绿地中，许多建筑小品都是具备特定文化和精神内涵的功能实体，如装饰性小品中的雕塑物、景墙、铺地，在不同的环境背景下，表达了特殊的作用和意义。依据建筑的主题、意境、特色进行植物配置，使植物对园林建筑起到突出和强调的作用。例如，园林中某些景点是以植物为命题，而以建筑为标志的。杭州两湖十景之一的“柳浪闻莺”，首先要体现主题思想“柳浪闻莺”，柳树以一定的数量配置于主要位置，构成“柳浪”景观。为了体现“闻莺”的主题，在闻莺馆的四周，多层次栽植乔灌木，如鸡爪槭、南天竹、香樟、山茶、玉兰、垂柳等，使闻莺馆隐蔽于树丛之中，建筑色彩比较深暗，加强了密林隐蔽的感觉。周围还种植许多香花植物，如瑞香、蜡梅、桂花等，增加了鸟语花香的意趣。拙政园荷风四面亭是位于三岔路口的一路亭，三面环水，一面邻山。在植物配置上，大多选用较高大的乔木，如垂柳、榔榆等，其中以垂柳为主，灌木以迎春为主，四周皆荷，每当仲夏季节，柳荫路密，荷风拂而，清香四溢，体现“荷风四面”之意。而在古典园林中，漏窗、月洞门和植物相得益彰地配置，其包含的意境就更加丰富了。一般来说，植物配置应该要通过选择合适的物种和配置方式，来突出、衬托或者烘托建筑小品本身的主旨和精神内涵。

2. 植物配置协调园林建筑与周边环境

建筑小品因造型、尺度、色彩等原因与周绿地环境不相称时，可以用植物来缓和或者消除这种矛盾。园林植物能使建筑突出的体量与生硬的轮廓“软化”，在绿树环绕的自然环境之中，植物的枝条呈现一种自然的曲线，园林中往往利用它的质感及自然曲线，来衬托人工硬质材料构成的规则式建筑形状，这种对比更加突出两种材料的质感。一般体型较大、立面庄严、视线开阔的建筑物附近，要选干高枝粗、树冠开展的树种，在结构细致玲珑的建筑物四周，栽植叶小枝纤、树冠茂密的树种。另外，园林中还需要设置一些功能性的设施小品，如垃圾桶、厕所等，假如设置的位置不合适，也会影响到景观，可以借助植物配置来处理和改变这些问题，如在园林中的厕所旁边栽上浓密的珊瑚树等植物，使其尽量不夺游人的视线。

二、不同风格园林中建筑的植物配置

我国历史悠久，古典园林众多，其中非常显著的特点是园林建筑美与

自然美的完美融合，而这种融合的美与环境气氛的创造，在很大程度上来源于植物配置，体现自然美和人工美的结合。园林建筑类型多样，形式灵活，建筑旁的植物配置应和建筑的风格协调统一，不同类型、功能的建筑及建筑的不同部位，要求选择不同的植物，采取不同的配置方式，以衬托建筑，协调和丰富建筑物构图，赋予建筑以时间感。同时，亦应考虑植物的生态习性、含义，以及植物和建筑及整个环境条件的协调性。

（一）中国古典皇家园林的建筑与植物配置

中国古典皇家园林的特点是规模宏大，为了反映帝王至高无上、尊严无比的思想，园中建筑体量庞大、色彩浓重、布局严整、等级分明，一般选择姿态苍劲、意境深远的中国传统树种。通常选择侧柏、桧柏、油松、白皮松等树体高大、四季常青、苍劲延年的树种作为基调，以显示帝王的兴旺不衰、万古长青。这些华北的乡土树种，耐旱耐寒，生长健壮，叶色浓绿，树姿雄伟，堪与皇家建筑相协调。颐和园、中山公园、天坛、御花园等皇家园林均是如此。植物配置也常为规则式。例如颐和园内数株盘槐规则地植于小建筑前，仿佛警卫一般。为了炫耀“玉堂富贵”“石榴多子”等封建意识，园内配置了白玉兰、海棠、牡丹、芍药、石榴等树种，而迎春、蜡梅及柳树是作为报春来配置的。

（二）私家园林的建筑与植物配置

江南古典私家园林的面积不大，其建筑特点是规模较小、色彩淡雅、精雕细琢，黑灰的瓦顶、白粉墙、栗色的梁柱栏杆。以苏州园林为旨，在地形及植物配置上，力求以小见大，通过“咫尺山林”再现大自然景色。植物配置注重主题和意境，多于墙基、角落处种植松、竹、梅等象征性强的植物，体现文人具有像竹子一样高风亮节、像梅一样孤傲不惧的思想境界。在景点命题上体现植物与建筑的巧妙结合，如“海棠春坞”的小庭院中，一丛翠竹，数块湖石，以沿阶草镶边，使一处角隅充满画意；修竹有节，体现了主人宁可食无肉、不可居无竹的清高寓意；而海棠果及垂丝海棠才是海棠春坞的主题，以欣赏海棠报春的景色。

三、建筑局部的植物配置

(一) 建筑前的植物配置

建筑前配置植物应考虑树形、树高和建筑相协调，尤其是乔灌木的配置，应和建筑有一定的距离，和门、窗间错种植，以免影响通风采光，并应考虑游人的集散，不能塞得太满，应根据种植设计的意图和效果来考虑种植。建筑前植物配置的常用形式有规则式和自然式。一般在较大、规则的建筑前，采用对称式，列植或对植乔灌木，也可设置规则式花坛；在一些造型活泼小巧的建筑前，可采用树丛、花丛等布置形式。

(二) 建筑的基础种植

建筑周围的基础植物种植应选择耐阴植物，并根据植物耐阴力的大小，来决定距离建筑的远近。耐阴植物有罗汉松、云杉、山茶、栀子花、南天竹、珍珠梅、海桐、珊瑚树、大叶黄杨、蚊母树、迎春、十大功劳、常春藤、玉簪、八仙花、沿阶草等。设计时应考虑建筑的采光问题，不能离得太近，不能太多地遮挡建筑的立面，同时，还应考虑建筑基础不能影响植物的正常生长。建筑的基础种植以小乔木和灌木为主，多采用行列栽植，并且结合地被植物、花卉等组合造景。整个植物景观下层可采用常绿的地被植物，中层可采用多年生宿根或木本花卉，上层采用小乔木或灌木，以形成景色丰富的四季景观。

第二节　园林植物与水体的景观配置

古人称水为园林中的“血液”和“灵魂”，水体是造园的四大要素之一。古今中外的园林，对于水体的运用是非常重视的，李清照称“山光水色与人亲”，描述了人有亲水的欲望，故我国南、北古典园林中，几乎无园不水。而西方规则式园林中同样重视水体，凡尔赛宫中令人叹为观止的运河及无数喷泉就是一例。平静的水、流动的水，各种类型的水体，无论是作为主景、配景，还是小景，都离不开植物来丰富景观。水中、水旁园林植物的姿态、色彩、所形成的倒影，均加强了水体的美感。水体的植物配置，主要是通过植物的色彩、线条以及姿态来组景和造景的。水边的植物可以增加水的层次；同时，利用蔓生植物可以修饰生硬的石岸线，增添野趣；水边乔木的树干还可以用作框架，以水面为底色，以远景为画，从而形成有独特韵味的框景。

一、不同类型水体的植物配置

园林中的水体，按水体的形式来分，有自然式水体和规则式水体。自然式水体平面形状自然，因形就势，如河流、湖泊、池沼、溪涧、飞瀑等；规则式水体平面多为规则的几何形，多由人工开凿而成，如运河、水渠、园池、水井、喷泉、壁泉等。按水体的状态来分，有动态水体和静态水体，前者如河流、溪涧、瀑布、喷泉等，后者如湖泊、池沼、潭、井等。我国园林中自古水边主张植以垂柳，造成柔条拂水的效果，同时，在水边种植落羽松、池松、水杉及具有下垂气根的小叶榕等，起到线条构图的作用。无论大小水面的植物配置，与水边的距离一般要求有远有近、有疏有密，切忌沿边线等距离栽植，避免单调呆板的行道树形式。但是在某些情况下，又需要造就浓密的“垂直绿障”。

（一）湖

湖是园林中最常见的水体景观。如杭州西湖、北京颐和园昆明湖等。此类水体景观湖面辽阔，视野宽广，沿湖景观的植物配置可突出季节特点，如苏堤春晓、曲院风荷等。春季，桃红柳绿，垂柳、枫香、水杉新叶一片嫩绿，再加上碧桃、日本晚樱、垂丝海棠争先吐艳，与乔木的嫩绿叶色相映，装扮西湖沿岸。秋季，丰富的色叶树种更是绚丽多彩，有银杏、鸡爪槭、枫香、无患子、红枫、乌桕、三角枫、重阳木、紫叶李、水杉等。西双版纳植物园内，在湖边配置大王椰子及丛生竹，非常引人入胜。一般来说，在湖边常用的植物包括水生植物和沿岸植物，通过生长在水中的水生植物和岸边的乔灌木，来塑造水体多层次立体的景观效果。湖沿岸常种植耐湿的植物，大到乔木如水杉、池杉，小到草本植物如鸢尾、菖蒲、芦苇等，配置的形式多采用群植、丛植的方式，突出季相景观，注重色彩的搭配和植物群落的营造。水生植物多采用一些浮水、浮叶植物，可以填补大水面的空白。

（二）池

园林中的池塘多为人工挖掘而成，池的形状有曲折多姿的自然驳岸，也有规则整齐的几何图形。一般在较小的园林中，水体的形式常以池为主。自然式的池塘可以模拟自然界水体的植物群落，来进行植物配置与造景。从岸上到水中，逐步采用沿岸湿生乔灌木、挺水植物、浮叶植物、浮水植物。为了获得“小中见大”的效果，植物配置常突出个体姿态或利用植物分割水面空间，增加层次。如苏州网师园，池面才410 m^2，水面集中，池边植以柳、碧桃、玉兰、黑松、侧柏等，疏密有致，既不挡视线，又增加了植物层次。池边一株苍劲的黑松，树冠及虬枝探向水面，倒影生动，颇具画意。

规则式池塘有完全呈几何对称的非常规整的池塘，也有成自由几何曲线的池塘。由于池塘岸线相对生硬，多在水岸做文章，使水岸植物摇曳生姿，岸边植物主要体现水的柔美，配合倒影共同形成多层次景观。岸边植物一般选择多年生草本植物、花灌木，较远处种植大灌木或乔木，植物种植层次丰富，形成的倒影也更具立体感。池塘中植物配置要注意的问题是，浮叶和浮水植物的设计要注意面积的大小以及和岸边植物的搭配，池中浮叶和浮水植物的种植面积如果过大，从视觉上会有一定程度缩小池塘面积的效果。

（三）溪

《画论》中曰：“峪中水曰溪，山夹水曰涧。”由此可见，溪涧与峡谷最能体现山林野趣。现代园林设计中，溪流多出现在一些自然式阔林中，因此其植物配置借鉴大自然中的景观，可选择乔灌木、多年生花卉、一二年生草本植物进行配置，并且乔灌木的配置形式多为自然式的丛植、群植、散点植等，花卉以及其他草本植物的配置，可模仿自然界野生植物交错生长的状态，形成不同类型的连续花丛，沿着溪流形成四季分明的植物景观。例如杭州玉泉溪为一条人工开凿的弯曲小溪涧，引玉泉水东流入植物园的山水园，溪长60 m之多，宽仅1 m左右，两旁散植樱花、玉兰、女贞、南迎春、杜鹃、山茶、贴梗海棠等花草树木，溪边砌以湖石，铺以草皮，溪流从矮树丛中涓涓流出，每到春季，花影堆叠婆娑，成为一条蜿蜒美丽的花溪。北京颐和园中谐趣园的玉琴峡长近20 m，宽1 m左右，两岸巨石夹峙，其间植有数株挺拔的乔木，岸边岩石缝隙间着生荆条、酸枣、蛇葡萄等藤、灌，形成了一种朴素、自然的清凉环境，保持了自然山林的基本情调。峡口配置了紫藤、竹丛，颇有江南风光。

二、水面的植物配置

水面景观低于人的视线，与水边景观呼应，加上水中倒影，最宜游人观赏。水面植物的种类相当多，可细分为挺水植物、浮水植物、沉水植物等，常用的有荷花、睡莲、萍蓬、菖蒲、鸢尾、芦苇、水藻、千屈菜等。水面植物的栽植不宜过密和过于拥挤，其配置一定要与水面大小比例、周围景观的视野相协调，尤其不要妨碍倒影产生的效果。要与水面的功能分区相结合，最大限度地做到在有限的空间中，留出足够的开阔水面展现倒影以及水中游鱼。水面植物配置有两种形式：一是水面全部为植物所布满，适用于小水面或水池及湖面中较独立的水面；在南方的一些自然风景区中，保留了农村田野的风味，在水面铺满了绿萍或红萍，好似一块绿色的地毯或红色的平绒布，也是一种野趣。还有一种类型是部分水面栽植水生植物，园林中应用较多，一般水生植物占水面的比例以1/3～2/3为宜，以保证有足够的水面形成水中倒影。

水面的植物配置，可以水面作底色，配置丰富多彩的水生植物，可以增加俯视水面的景观，还可使岸边景物产生倒影，起到扩大水面的效果。但应注意，水面植物不宜大片靠岸配置，以免影响水面的倒影效果及水体本身的美学效果。挺水及浮水植物离岸应有远有近，远近结合，近者便于细致观赏，远者便于观看整体效果。无论是植物栽植的位置、占用水面的大小和管理时是否会妨碍观赏等，都需要进行仔细推敲。在游人必经之地、人流集中的水面，可栽植睡莲等观赏性植物。

水面植物的选择，除气候条件外，应以水面深浅为首要考虑因素。沼泽地至1 m水深的水面，以植挺水与浮叶植物为宜，如荷花、水葱、芦苇、荸荠、慈菇、睡莲、菱等；1 m以上深度的水面，以浮水植物为宜，如水浮莲、红绿浮萍等。大多数水生植物的生长发育需要一定的水深，例如荷花只在水深1.2 m以内生长良好，超过1.5 m则难以生存。水生植物的蔓延性很强，为了不影响到水体的镜面效果，可以定期进行切割，但这种方法费工费时。

现在我们在进行水生植物配置时，为控制水生植物生长范围，多采用设置水生植物栽植床。简单的办法是在水底用砖或混凝土做支墩，上部配置盆栽水生植物。若水浅，可直接放入栽植盆。大面积栽植可用耐水建筑材料砌栽植床。若是规则水面，可将水生植物排成图案，设计成水上花坛。还需注意的是，不同的水生植物，有不同的水位、水流状态要求，对环境条件要求很严格。例如，睡莲需要在静态的、有机质含量高的水体中生长，在流动的水体中则难以生存。因此，在不同类型的水体中，应遵循水生植物生态特性，慎重挑选合适的水生植物进行配置。

(一) 宽阔水面的植物配置

宽阔水面的植物配置主要以营造水生植物的群落为主，考虑远观。植物配置注重整体大而连续的效果，水生植物应以量取胜，给人一种壮观的视觉感受。如睡莲群落、千屈菜群落或多种水生植物群落组合等方式。杭州西湖花港观鱼景区：较大的水面，用荷花和满江红两种水生植物配置，种类虽不多，但是大量密集配置，岸边又以高大的乔木林带作背景，给人一种十分壮观的感觉，体现了“接天莲叶无穷碧，映日荷花别样红”的意境。在较大的水面，为了欣赏远景，还可结合人的视点栽植水生鸢尾、芦苇等植株较高的水生植物，以增加景深，方便游人观赏和留影。水生植物配置要注意水生植物生态及景观要求，做到主次分明，体形、高低、叶形、叶色及花期、花色对比协调。如香蒲与慈菇搭配，互不干扰，高低姿态有所变化，景观效果较好；而香蒲与荷花配置一起，则高低相近，相互干扰，效果不好。

(二) 小水面的水生植物配置

小水面的水生植物配置主要是指池塘、小溪之类的水域。这种水域主要是考虑近观的效果，其水面植物配置要求细腻入微，对植物的姿态、色彩、高度有较为严格的要求。既要注重植株的个体美，又要考虑群体组合美及其与水体四周环境的协调，还要考虑水面的镜面效果，水面植物宜选择叶片较小者，忌过密过稀。过密不仅难以看到岸上倒影，而且会产生水体面积缩小的不良效果，就更无倒影可言，使得水面景观较为单一；过稀感觉零散，渺小，水面空旷，因此水面上植物的配置要比例适当。如前所述，应将水生植物占水体面积的比例控制在1/3为宜。园林中的自然式水池或小溪流水面往往较小，而且水位浅，一眼即可见底。人工水池和小溪建造时，以硬质池底保水，常铺有卵石和少量的种植土，以供水生植物生长。因此，水体的宽窄、深浅成为植物配置的一个重要因素，一般应选择株型较矮的水生植物，且种类不宜过多，体量不宜过大，在水面起点缀效果。对于硬质池底，种植水生植物可采用盆栽形式，遗憾的是，栽植容器往往清晰可见，通常会以山石围护或以洞穴隐藏这些容器，最大限度地减少人为痕迹，体现水生植物的自然美。

第三节 园林植物与山石的景观配置

园林中的山石因其具有形式美、意境美和神韵美而富有极高的审美价值，被认为是“立体的画”“无声的诗”。在传统的造园艺术中，堆山叠石占有十分重要的地位。中国古典园林无论是北方富丽的皇家园林，还是秀丽的江南私家园林，均有掇石为山的秀美景点。而在现代园林中，简洁练达的设计风格更赋予了山石以朴实归真的原始生态面貌和功能。

在园林中，通常较大面积的山石总是要与植物布置结合起来，使山石滋润丰满，并利用植物的布置掩映出山石景观。当植物与山石组织创造景观时，不管要表现的景观主体是山石，还是植物，都需要根据山石本身的特征和周边的具体环境，精心选择植物的种类、形态、高低大小以及不同植物之间的搭配形式，使山石和植物组织达到最自然、最美的景观效果。例如，园林中的峰石当作主景处理，植物就作为背景或配景。散点的山石一般作为植物的配景，或求得构图的平衡；对于用作护坡、杓土、护岸的山石，一般均属次要部位，应予适当掩蔽，以突出主景；做石级、坐石等用的山石，一般可配置遮阴乔木，并在不妨碍功能的前提下，配以矮小灌木或草本植物；支撑树木的山石，可视石形之优劣，可作配景或加隐蔽。用以布置山石的植物，必须根据土层厚度、土壤水分、向阳背阴等条件来加以选择，柔美丰盛的植物可以衬托山石之硬朗和气势；而山石之辅助点缀又可以让植物显得更加富有神韵，植物与山石相得益彰的配置更能营造出丰富多彩、充满灵韵的景观。

现代园林中对山石的利用形式非常多，最普遍的就是模仿自然界的景观，营造假山或设置峰石。园林中人工假山的植物配置与造景都是模仿自然山体的植物景观，在园林中做山体植物配置与造景设计，首先必须对自然山体植物分布规律和特征有所观察、体会和感悟，因此山体植物配置与造景设计要充分利用自然植被，效法自然群落特征、顺应自然分布规律。同时，随着景观艺术的不断发展，现代园林设计者对山石的利用形式更加多样化，一种以山石为主、模拟自然界岩石及岩生植物的景观，正在一些地区大量应用，又称岩石园，一般为附属于公园内或独立设置的专类公园。一般来说，现代园林中的山依其构成的主要材料不同，可分为土山、石山、土石混合山三类。

一、土山植物配置

园林中的土山就是主要用土堆筑的山。土山上配置植物既可表现自然山体的植被面貌，具有造景功能，又可以固定土壤。土山植物配置要根据山体面积大小来确定。面积大者，乔木、灌木、藤本、草本和竹类均可配置，可以配置单纯树种，也可以多种树种混合配置。为了衬托山体之高大，可以在山体上由山脚至山巅选择由低到高的植物依次配置。如山体最下部配置草坪或在草坪上配置各种宿根、球根花卉；中部配置灌木或竹林；上部配置乔木，或密植成林，或疏植成疏林草地，或乔灌、藤本、草本相结合，以形成疏密相间、高低起伏的植被景观。面积小者，植物配置要以小见大。为了体现以小见大的艺术效果，常以低矮的花卉、灌木、竹类、藤本植物和草皮为主，以少量的乔木点缀其间，以山石半埋半露散点于土山之上，或土山局部以山石护坡，山石之上堆土植草或以藤本植物或灌木掩映，甚至乔木枝干上藤蔓缠绕。

土山设计的重点在于山林空间的营造。因此，造山往往不考虑山形的具体细节，而是加强植物配置的艺术效果，让人有置身山林的真实感受。同时，借山岭的自然地势划分景区，每个区域突出一两个树种，形成各具特色的不同景区，丰富景观层次。在进行植物配置时，应注重保护原有的天然植被，以乡土树种为主，模仿当地气候带的自然植被分布规律进行植物配置，体现浓郁的地方特色。

(一) 山顶植物配置

人工堆砌的山体，山峰与山麓的高相差不大，为突出其山体高度及造型，山脊线附近应植以高大乔木，山坡、山沟、山麓则应选用相对较为低矮的植物；山顶可栽植大片花木或彩叶树，以形成较好的远视效果；山顶如果筑有亭、阁，在其周围可配以花木丛或彩叶树，用以烘托景物。山顶植物配置的适宜树种有白皮松、马尾松、油松、黑松、关柏、侧柏、毛内杨、臭椿、青杨、刺槐、栾树、火炬树等。

(二) 山坡、山谷植物配置

山坡植物配置应强调山体的整体性及成片效果。可栽植彩叶树种，花灌木，常绿林，常绿落叶混合种植。景观以春季鲜花烂漫、四季郁郁葱葱、秋季漫山红叶、冬季苍绿雄浑为好。喜阳植物配置在山体南坡，喜阴或耐阴植物配置于山体北坡或林下庇荫处。可适当多选择彩色叶树种、变色叶树种、观花观叶和观果树木，加强景观的观赏效果。山谷地形曲折幽深，环境阴湿，适于喜阴湿植物生长，植物配置应与山坡浑然一体，强调整体效果的同时，突出湿地特征，应选择喜阴湿植物，如水杉、落羽杉、侧柏、黄檗、胡枝子、水竹、麻叶绣球、箬竹、麦冬、兰科植物等。

(三) 山麓植物配置

很多园林中，山麓外部往往是游人汇集的园路和广场，应用植物将山体与园路分开，一般可以低矮小灌木、藤本植物、地被。山石作为山体到平地的过渡，并与山坡乔木连接，使游人经山麓上山，犹如步入幽静的山林。如以枝叶繁茂、四季常青的松树为主，其下配以紫荆等花木，就容易形成山野情趣。

二、石山植物配置

石山以山石为主，只在石头的洞、缝、石坑和山谷、山坳及山脚有土。自然石山一般体形峻拔，山势峥嵘，悬崖绝壁，危岩耸立。如湖南的张家界、河南的嵖岈山等。山上石多土少，植物疏密不均，岩石多数裸露，看似水墨丹青一般。由于山石容易靠合压叠固定，所以人工石山往往占地面积不大，但有一定的高度，体现以小见大的艺术效果。

石山植物配置主要选择下列三类植物：高山植物、低矮植物和人工培育适用于岩石园的矮生栽培品种植物。高山植物种类众多，如沙地柏、铺地柏、翠柏、蔷薇属、瑞香属、金丝桃属、景天属等。由于高山地区气候与山下的气候迥然不同，高山植物引种到低海拔处，只有部分种类能在土壤疏松、排水良好、日光充足、空气流通、夏季保持凉爽和空气湿度较大的环境中生长良好。因此，大多数高山植物需经引种驯化才能在低海拔地区正常生长。低矮植物是指植株低矮或匍匐，生长缓慢且抗逆性强，尤其是抗旱、抗寒、耐瘠薄，管理粗放，适合应用于岩石园中，主要有矮小的灌木、多年生宿根和球根花卉以及部分一二年生花卉。适用于岩石园的矮生栽培品种植物多是为了模拟高山植物而人工培育的，目前，雪松、北美红杉、铁杉、云杉等都被育成了匍地的体形。由于岩石园往往面积较小，故需要体形较矮小的植物。

石山植物配置以山石为主，植物为辅助点缀。低山不宜栽高树，小山不宜配大木，以免喧宾夺主。要模仿天然石山之植物生长状况，也为了衬托山之峭拔，以低矮的花、草、灌木和藤本植物为主，部分藤本植物选择具有吸盘或气生根的，让其自身攀岩附壁。乔木既要数量稀少，又要形体低矮，姿态虬曲，像悬崖绝壁中或树桩盆景中的小老树那样，石缝渗水庇荫处，植以苔藓和蕨类、络石等喜阴湿的植物。这主要是适应天然石山少土、少植被的规律，而重在表现岩石的美。所以，石山的植物配置要有节制，在造成山林气氛的同时，种植要起到衬托岩石的作用，这就要在叠石时预留配置植物的缝隙、凹穴。植树侧重于姿态和色彩等观赏价值较高的种类。在山岗、山顶、峭壁、悬崖的石缝、石洞等浅土层中，常点缀屈曲斜倚的树木，宿根花卉、一二年生草花及灌木、草皮和藤本植物，利用乔木栽植在山坳、山脚、山沟等深土层中。

园林中也常设计特置石，石上多配置蔷薇、凌霄、木香、络石、薜荔、爬墙虎之类的攀缘花木。特置石周围可配置宿根花卉、一二年生花卉、灌木等低矮但色彩鲜艳的植物，采用自然式混合栽种。

第四节 各类植物的造景与设计

一、乔灌木的造景设计

在园林景观中，乔木可形成整个园景的植物景观框架，并能提供遮阴、屏蔽不良景观、作为背景和风障、划分空间、框景的作用。灌木作为低矮的障碍物，可用来保护景观、屏蔽视线、强调道路的线型、引导人流，还可以与中小乔木一起形成空间的围合。生长缓慢、耐修剪的灌木还可作为绿篱。

园林乔灌木的种植配置不能和植树造林混为一谈，应该按照树木的生态习性，运用美学原理，以其姿态、色彩、干性进行平面合理的构图，使其具有不同形式的有机组合，构成千姿百态的美景，创造出各具特色的树木景观。根据乔灌木在园林中的应用形式，大体可以分为以下几种种植形式。

(一) 孤植

乔木或灌木的孤立种植类型，多为欣赏树木的个体美而采用的方法，是中西园林都广泛采用的一种植物造景形式。孤植树也称园景树、独赏树或标本树，在涉及众多处于绿地平面的构图中心和园林空间的视觉中心而成为主景，具有强烈的标志性、导向性和装饰作用。对孤植树的设计，要特别注意的是“孤树不孤”。不论在何处，孤植树都不是孤立存在的，它应和周围的各种景物如建筑、草坪、其他树木配合，以形成一个统一的整体，因而要求其体量、姿态、色彩、方向等与环境其他景物共同统一于整体构图之中。

孤植树在古典庭院和自然式园林中应用较多，如我国苏州古典园林中常见应用。孤植树主要突出表现单株树木的个体美，要求植株姿态优美，或树形挺拔、端庄、高大雄伟，一般为大中型乔木，寿命较长，既可以是常绿树，也可以是落叶树，如雪松、南洋杉、樟树、榕树、木棉、柠檬桉；或树冠展开、枝叶优雅、线条宜人，如鸡爪槭、垂柳；或秋色艳丽，如银杏、鹅掌楸、洋白蜡；或花果美丽、色彩斑斓，如樱花、玉兰、木瓜。如选择得当，配置得体，孤植树可起到画龙点睛的作用。苏州留园“绿茵轩”旁的鸡爪槭是优美的孤植树，而狮子林“问梅阁”东南的孤植大银杏则具有“一枝气可压千林”的气势。

孤植常用于庭院、草坪、假山、水面附近、桥头、园路尽头或转弯处等，广场和建筑旁也常配置孤植树。但孤植的地点以在大草坪上最佳。孤植树是园林局部构图的主景，因而要求栽植地点位置较高，四周空旷，便于树木向四周伸展，并具有较为适宜的观赏视距。一般在4倍树高的范围内要尽量避免被其他景物遮挡视线，如可以设计在宽阔开朗的草坪上，或水边等开阔地带的自然中心上。秋色金黄的鹅掌楸、无患子、银杏等，若孤植于大草坪，秋季金黄色的树冠在蓝天和绿草的映衬下显得极为壮观。事实上，许多古树名木从景观构成的角度而言，实质上起到孤植树的作用。此外，几株同种树木靠近栽植，组成一个单元形成整体树冠，或者采用一些丛生竹类，也可创造出孤植的效果。孤植树配置于山岗上或山脚下，既有良好的观赏效果，又能起到改造地形、丰富天际线的作用。以树群、建筑或山体为背景配置孤植树时，要注意所选孤植树在色彩上与背景上应有反差，在树形上也能协调。从遮阴的角度来选择孤植树时，应选择分至点高、树冠开展、树叶茂盛、叶大荫浓、病虫害少、无飞毛飞絮、不污染环境的树种，以圆球形、伞形树冠为好，如银杏、榕树、樟树、核桃。

除前面所提到的树种外，可作为孤植树使用的还有黄山松、栎类、七叶树、栾树、国槐、金钱松、南洋楹、海棠、樱花、白兰花、白皮松、关柏、油松、毛内杨、内桦、元宝枫、糠椴、柿树、白蜡、皂角、白榆、朴树、冷杉、云杉、丝棉木、合欢、枫香、广玉兰、桂花、小叶榕、菩提树等。

（二）对植

将园林植物在构图轴线两侧栽植，使其相互呼应的种植形式，称之为对植。对植强调对称的树木在体量、色彩、姿态等方面的一致性，只有这样，才能体现出庄严、肃穆的整齐美。

对植多选用树形整齐优美、生长较慢的树种，以常绿树为主，但很多花色优美的树种也适于对植。常用的有松柏类、南洋杉、冷杉、大王椰子、假槟榔、苏铁、桂花、玉兰、碧桃、银杏、腊梅、龙爪槐等，或可用能进行整形修剪的树种进行人工造型，以便从形体上取得规整对称的效果，如整形的大叶黄杨、石楠、海桐等也常用作对植。

对植常用于房屋和建筑前、广场入口、大门两侧、桥头两旁、石阶两侧等，起衬托主景的作用，或形成配景、央景，以增强透视的纵深感。例如，公园门口对植两株体量相当的树木，可以对园门及其周围的景物起到较好的引导作用；桥头两旁的对植则能增强桥梁构图上的稳定感。对植也常用在有纪念意义的建筑物或景点两边，这时选用的对植树种在姿态、体量、色彩上，要与景点的思想主题相吻合，既要发挥其衬托作用，又不能喧宾夺主。

两株树的对植一般选用同一树种，姿态可以不同，但动势要向构图的中轴线集中。也可以用两组树从形成对植，这时选择的树种要比较近似，栽植时避免呆板的绝对对称，但在视觉上应形成均衡的效果。

第九章

植物造景设计的生态性

第一节　植物群落概述

一、植物群落概念及其类型

群落的概念来源于植物生态学研究。由于动植物各大类群生活方式各异，动物生态学和植物生态学在相当长时期中处于独立发展状态。正如种群是个体的集合体一样，群落是种群的集合体。简而言之，一个自然群落就是在一定空间内生活在一起的各种动物、植物和微生物种群的集合体。这样许多种群集合在一起，彼此相互作用，具有独特的成分、结构和功能，一片树林、一片草原、一片荒漠都可以看成是一个群落。群落内的各种生物由于彼此间的互相影响、紧密联系和对环境的共同反应，而使群落构成一个具有内在联系和共同规律的有机整体。

因此，植物群落可定义为特定空间或特定生境下植物种群有规律的组合，它们具有一定的植物种类组成，物种之间及其与环境之间彼此影响，互相作用，具有一定的外貌及结构，执行一定的功能。换言之，在一定地带上，群居在一起的各种植物种群所构成的一种有规律的集合体就是植物群落。

世界上不同的地带，生长着不同类型的植物群落。以下将简要叙述世界植物群落的基本类型。

(一) 常雨林和红树林

这两类群落都出现在潮湿的地带。常雨林又称为潮湿热带雨林，分布在终年湿润多雨的热带（年降雨量在2000 mm以上，分配均匀）。常雨林分布在雨量最充沛、热量最丰富，热、水与光的常年分配最均匀的地带；相应地，常雨林就成为陆地上最茂盛的植物群落。红树林是以红树科为主的灌木或矮树丛林；此外，还有海桑科、紫金牛科和使君子科等种类，以及一些伴生植物，分布在热带海岸上的淤泥滩上，我国的台湾、福建和广东、广西沿海地区也有分布。

（二）常绿阔叶林

常绿阔叶林分布在亚热带潮湿多雨的地区。这类森林所占的面积并不是很大，主要的树种为樟属、楠木属等，有时也出现一些具有扁平叶的针叶树，例如竹柏属、红杉属等。其树叶为革质、有光泽，叶面与光照垂直，能在潮湿多云的气候下有效地进行光合作用。但这类森林生长处的气候并不像常雨林的那样终年温热湿雨，所以上层乔木的芽都已有了芽鳞保护。

（三）竹林

竹林是禾本科竹类植物组成的木本状多年生单优势种常绿植物群落，分布范围较广，从赤道两边直到温带都有分布。

天然的竹林多为混交林，乔木层中以竹为主，还混生其他常绿阔叶树或针叶林。人工栽培的则多为纯林。除了干燥的沙漠、重盐碱土壤和长期积水的沼泽地以外，几乎各种土壤都能生长，但绝大多数竹种要求温度湿润的气候和较深厚而肥沃的土壤。

（四）硬叶林

硬叶林是常绿、旱生的灌丛或矮林。其分布区的气候特点为夏季炎热而干旱，此时植物虽不落叶，但处于休眠状态；而其余时期的雨量较多而不冷（最冷月份的平均温度也不低于0℃），适合植物生长。

硬叶林的主要特征是：叶常绿，革质，有发达的机械组织，没有光泽，叶面的方向几乎与光线平行。群落中大多数植物都能分泌挥发油，因此这类群落具有强烈的芳香气味。

（五）季雨林和稀树草原

这类群落分布在干湿季节交替出现的热带地区，干季落叶休眠，雨季生长发育，依雨量的多少和干季的长短，又有不同的类型。

季雨林（又称雨绿林）出现在雨量较多的地方（年降雨量均为1500mm）。雨季枝叶茂盛，林下的灌木、草本和层外植物发达，外貌很像常雨林，但干季植物落叶，群落外貌仍然保持绿色。这样的季雨林和阔叶常绿林很近似，我国南方沿海的季雨林就是这种类型。

在雨量较少（年降雨量900～1200mm）、干季较长（4～6个月）的热带地区，有稀树草原出现。其特点是草原为主，稀疏地生长着旱生的乔木或灌木，雨季葱郁，干季枯黄。草层常以高茂的禾本科草本植物为主。

（六）夏绿阔叶林

夏绿阔叶林简称夏绿林，出现在温带和一部分亚热带地区。特点是：夏季枝叶繁茂，冬季落叶进入休眠。夏绿林的种类成分不繁杂，优势种明显，因此有栎林、桦林、山杨林等名称。乔木层除夏绿阔叶林外，有时还有松、侧柏等针叶林。林下植物的多少，随乔木的种类而不同。例如，在稠密、阴暗的山毛榉林里，几乎没有什么林下植物，但在明亮的栎林下，则常有发达的灌木层和草本层。藤本植物和附生植物不多。夏绿林在北半球相当普遍，南半球则较少。

（七）针叶林

在高纬度地带和高山上，有针叶林分布。北半球的针叶林较为发达，从温带起向北延伸，一直达到森林的北界，然后被灌丛、冻原等植被所代替。南半球的针叶林较少，大多出现在山区。一般针叶林对于酸性、瘠薄土地有较强的适应能力。

（八）干草原和草甸

干草原和草甸都是草本植物群落。干草原主要分布在温带雨量较少的地区。干草原出现地区年降雨量大约为200～450mm。

草甸的草类都是中生的，因此，常比干草原的草类植株高大，种类成分也较复杂。除禾本科、莎草科、豆科、菊科等占优势的草甸外，还有其他植物构成的草甸。草甸大都是在森林遭破坏后才出现的。因此，草甸的分布一般没有地带性。

（九）荒漠

荒漠是对植物生长最为不利的环境，因此，荒漠上植被异常稀疏，甚至几乎看不见植物。荒漠根据形成的主要原因不同，可以分为干荒漠和冻荒漠两类。

二、植物群落的特征

从上述定义中，可知自然群落具有下列基本特征：

(一) 具有一定的物种组成

每个植物群落都是由一定的植物种群组成的，因此，物种组成是区别不同植物群落的首要特征。一个植物群落中物种的多少及每一物种的个体数量，是度量群落多样性的基础。

(二) 不同物种之间相互影响

植物群落中的物种有规律地共处，即在有序状态下生存。虽然植物群落是植物种群的集合体，但不是说一些种的任意组合便是一个群落，一个群落的形成和发展，必须经过植物对环境的适应和植物种群之间的相互适应。植物群落并非种群的简单组合，哪些种群能够组合在一起构成群落，取决于两个条件：第一，必须共同适应它们所处的无机环境；第二，它们内部的相互关系必须取得协调、平衡。因此，研究群落中，不同种群之间的关系是阐明植物群落形成机制的重要内容。

(三) 具有形成群落环境的功能

植物群落对其居住环境产生重大影响并形成群落环境。如森林中的环境与周围裸地就有较大的不同，包括光照、温度、湿度和土壤等都经过了植物及其他生物群落的改造。即使植物在非常稀疏的荒漠群落，对土壤等环境条件也有明显的改造作用。

(四) 具有一定的外貌和结构

植物群落是生态系统的一个结构单位。它本身除了具有一定的物种组成外，还具有其外貌和一系列的结构特点，包括形态结构、生态结构与营养结构，如生活型组成、种的分布结构、季相、寄生和共生关系等，但其结构常常是松散的，不像一个有机体结构那样清晰，因而有人称之为松散关系。

(五) 一定的动态特征

植物群落是生物系统中具有生命的部分，生命的特征是不停地运动，植物群落也是如此，其运动形式包括季节动态、年际动态、演替与演化等。

（六）一定的分布范围

任何一个植物群落都分布在特定地段或特定生境上，不同植物群落的生境和分布范围不同。无论从全球范围看，还是从区域角度讲，不同植物群落都按一定的规律分布。

（七）群落的边界特征

在自然条件下，有些群落具有明显的边界，可以清楚地加以区分；有的则不具有明显边界，而处于连续变化中。前者见于环境梯度变化较陡或者环境梯度突然中断的情形，如地势变化较陡的山地的垂直带、断崖上下的植被、陆地环境和水生环境的交界处，如池塘、湖泊、岛屿等。但两栖类群落常常在水生群落与陆地之间移动，使原来清晰的边界变得复杂。

第二节　影响植物造景设计的生态因子

植物生长环境中的温度、水分、光照、土壤、空气等因子，都对植物的生长发育产生重要的生态作用，因此，研究环境中，各因子与植物的关系是植物造景的理论基础。某种植物长期生长在某种环境里，受到该环境条件的特定影响，通过新陈代谢，于是在植物的生活过程中就形成了对某些生态因子的特定需要，这就是其生态习性，如仙人掌耐旱不耐寒。有相似生态习性和生态适应性的植物则属于同一个植物生态类型。如水中生长的植物叫水生植物，耐干旱的叫旱生植物，需在强阳光下生长的叫阳性植物，在盐碱土上生长的叫盐生植物等。

一、温度

温度是植物极为重要的生活因子之一。地球表面温度变化较大。空间上，温度随海拔升高、纬度（北半球）的北移而降低；随海拔的降低、纬度的南移而升高。时间上，一年有四季的变化，一天有昼夜的变化。

（一）温度三基点

温度的变化直接影响着植物的光合作用、呼吸作用、蒸腾作用等生理作用。每种植物的生长都有最低、最适、最高温度，称为温度三基点。热带植物如椰子、橡胶、槟榔等要求日平均温度在18℃才能开始生长；亚热带植物如柑桔、香樟、油桐、竹等在15℃左右开始生长；暖温带植物如桃、紫叶李、槐等在10℃甚至不到10℃就开始生长；温带树种紫杉、白桦、云杉在15℃左右就开始生长。一般植物在0℃～35℃的温度范围内，随温度上升生长加速，随温度降低生长减缓。一般来说，热带干旱地区植物能忍受的最高极限温度为50℃～60℃；原产北方高山的某些杜鹃花科小灌木，如长白山自然保护区白头山顶的牛皮杜鹃、苞叶杜鹃、毛毡杜鹃都能在雪地里开花。

(二)温度的影响

在园林实践中，常通过调节温度而控制花期，以满足造景需要。如桂花属于亚热带植物，在北京桶栽，通常于9月开花。为了满足国庆用花需要，通过调节温度，推迟到10月盛开。因桂花花芽在北京常形成于6月，8月初在小枝端或者干上形成。当高温的盛夏转入秋原之后，花芽就开始活动膨大，夜间最低温度在17℃以下时就要开放。通过提高温度，就可控制花芽的活动和膨大。具体方法是在6月上旬见到第一个花芽鳞片开裂活动时，就将桂花移入玻璃温室，利用白天室内吸收的阳光热和晚上紧闭门窗，就能自然提高温度5℃～7℃，从而使夜间温度控制在17℃以上。这样，花蕾生长受抑，显得比室外小，到国庆节前两周，搬出室外，由于室外气温低，花蕾迅速长大，经过两周的生长，正好于国庆期间开放。

二、光照

光是太阳的辐射能以电磁波的形式投射到地球表面上的辐射。光是一个十分复杂而重要的生态因子，包括光强、光质和光照长度。光因子的变化对生物有着深刻的影响。

光对植物的形态建成和生殖器官的发育影响较大。植物的光合器官叶绿素必须在一定光强条件下才能形成，许多其他器官的形成也有赖于一定的光强。在黑暗条件下，植物就会出现“黄化现象”。在植物完成光周期诱导和花芽开始分化的基础上，光照时间越长，强度越大，形成的有机物越多，有利于花的发育。光强还有利于果实的成熟，对果实的品质也有良好作用。

不同植物对光强的反应是不一样的，根据植物对光强适应的生态类型可分为阳性植物、阴性植物和中性植物（耐阴植物）。在一定范围内，光合作用效率与光强成正比，达到一定强度后实现饱和，再增加光强，光合效率也不会提高，这时的光强称为光饱和点。当光合作用合成的有机物刚好与呼吸作用的消耗相等时的光照强度，称为光补偿点。

阳性植物对光要求比较迫切，只有在足够光照条件下才能正常生长，其光饱和点、光补偿点都较高。阴性植物对光的需求远较阳性植物低，光饱和点和光补偿点都较低。中性植物对光照具有较广的适应能力，对光的需要介于上述两者之间，但最适于在完全的光照下生长。植物的光合作用不能利用光谱中所有波长的光，只是可见光区（400～760nm），这部分辐射通常称为生理有辐射，约占总辐射的40%～50%。可见光中红、橙光是被叶绿素吸收最多的成分，其次是蓝、紫光，绿光很少被吸收，因此又称绿光为生理无效光。此外，长波光（红光）有促进延长生长的作用，短波光（蓝紫光、紫外线）有利于花青素的形成，并抑制茎的生长。

光强对植物光合作用速率产生直接影响，单位叶面积上叶绿素接受光子的量与光通量成正相关。光照强度对植物形态建成有重要作用，光照促进组织和器官的分化，制约着器官的生长发育进度。

在植物群落内，由于植物对光的吸收、反射和透射作用，所以群落内的光照强度、光质和日照时间都会发生变化，而且这些变化随植物种类、群落结构以及时间和季节不同而不同。一年中，随季节的更替植物群落的叶量有变化，因而透入群落内的光照强度也随之变化。落叶阔叶林在冬季林地上可照射到50%～70%的阳光，春季发叶后林地上可照射到20%～40%，但在夏季盛叶期林冠郁闭后，透到林地的光照可能在10%以下。对常绿林而言，则一年四季透到林内的光照强度较少并且变化不大。针对群落内的光照特点，在植物配置时，上层应选耐阴性较强或阴性植物。

三、水分

水是任何生物体都不可缺少的重要组成部分，生物体的含水量一般为60%～80%，有的生物可达90%以上。不同的植物种类、不同的部位含水量也不相同，茎尖、根尖等幼嫩部位的含水量较高。水是生化反应的溶剂，生物的一切代谢活动都必须以水为介质。蒸腾散热是所有陆生植物降低体温的重要手段。植物通过蒸腾作用调节其体温，使植物免受高温危害。水还可以维持细胞和组织的紧张度，使植物保持一定的状态，维持正常的生活。植物在缺水的情况下，通常表现为气孔关闭、枝叶叶下垂、萎蔫。

植物在不同地区和不同季节所吸收和消耗的水量是不同的。在低温地区和低温季节，植物吸水量和蒸发量小，生长缓慢；在高温地区和高温季节，植物蒸腾量大，耗水量多，生长旺盛，生长量大。根据这个特点，在高温地区和高温季节必须多供应水分，这样才能保证植物对水分的需要。

四、空气

空气对植物的生存意义如同对动物一样至关重要。在光合作用中，植物需要空气中的二氧化碳来制造养料。不过植物和动物一样，也需要从空气中吸取氧气，释放二氧化碳。氧气是植物在光合作用中向空气中释放的“废物”。在地球发展的历史进程中，植物在大气中逐渐聚积起了氧气，只有在空气中有了足够的氧气时，植物才能生长和进化。

大气组成中除了氮气、氧气和惰性气体及臭氧等较恒定外，主要起生态作用的是二氧化碳、水蒸气等可变气体和由于人为因素造成的组分，如尘埃、硫化氢、硫氧化物和氮氧化物等。大气中的二氧化碳是植物光合作用的原料，氧气是大多数动物呼吸的基本物质；大气中的水和二氧化碳对调节生物系统物质运动和大气温度起着重要的作用，氧和二氧化碳的平衡是生态系统能否进行正常运转的主要因素。大气流动产生的风对花粉、种子和果实的传播和活动力差的动物的移动起着推动作用；但风对动植物的生长发育、繁殖、行为、数量、分布以及体内水分平衡都有不良影响，强风可使植物倒伏、折断等。

五、土壤

植物生长在土壤之中，因此，不同的土壤理化性质、土壤肥力等，都会对植物产生不同的作用。所以，不同的土壤类型都有其相应的植被类型。

土壤生物包括微生物、动物和植物根系。它们一方面依赖土壤而生存；另一方面又对土壤的形成、发育、性质和肥力状况产生深刻的影响，是土壤有机质转化的主要动力。同时，土壤微生物对植物的生长乃至生态系统的养分循环都有直接的影响。

六、地形地势

地形因子是间接因子，其本身对植物没有直接影响。但是地形的变化（如坡向、海拔高度、盆地、丘陵、平原等）可以影响到气候因子、土壤因子等的变化，进而影响到植物的生长。

七、生物因子

生物因子包括植物和动物、微生物和其他植物之间的各种生态关系，如植食、寄生、竞争和互惠共生等。植物的生长发育除与无机环境有密切关系外，还与动物、微生物和植物密切相关。动物可以为植物授粉、传播种子；植物之间的相互竞争、共生、寄生等关系以及土壤微生物的活动等，都会影响到植物的生长发育。

第三节　植物造景设计的生态观

一、保护自然景观的生态观

自然景观是“土地生态协调的产物，它是由不同的自然条件、人文历史之间相互作用而形成的。对自然景观的保护和利用目的在于体现其自身价值，反映其个性化特点”。上述定义就是指自然景观作为一个国家文化遗产不可分割的一部分，能体现个体价值的独特性，同时也能反映当地的历史和习俗等。首先要保留它灿烂的历史文化，还要融合当地的环境特色，协调自然景观和人文景观的同步保护，使二者成为一个完美的特性结合。人文景观中所包含的文化艺术遗迹、历史建筑等、同样影响着自然景观的形成和发展。它们最终形成一种有序的整体，相辅相成。随着时间的推移，会逐渐形成一种非常独特的自然和建筑相融合的景观。自然景观其实就是历史文明的一种延伸，是其文化艺术方面发展的起点，也是在不同历史时期那些文人墨客汲取灵感的源泉，更是游客们为之向往的风景胜地。自然景观更与人们的生活分不开，农舍、水道、菜园、葡萄园、围有栅栏的果树林、农场放牧的牲畜家禽以及田间的耕作者，这些都给我们勾勒出一幅“悠然南山下”的生动画面。自然景观的保护应与地方文化背景相结合，以保持它的历史价值来实现其经济目标。

相对于城市景观中心区来说，城市周围地带的自然要素所受的干扰压力可能要小得多，它们往往是许多当地物种的最后栖息地。也正因为如此，城市周边地带的自然景观要素应受到更加严格的保护，以便建立城市建设区和周边地带完整的源汇关系，保证它们的空间关系连接关系和生态连通性。在国外城市规划中，已经逐渐开始尝试开拓对城市景观界限的原有观念，建立城市群或城市环的大城市景观概念，将城市周边自然景观要素作为城市生态规划和管理的核心，围绕一定的绿色空间和自然要素区域进行城市空间配置和组织，从更大的程度上进行生物多样性保护的空间规划。

二、构建生态体系的生态观

构建生态体系是人们从生态系统中获得的收益。生态体系具有多重性。比如，森林生态系统有调节气候、涵养水源、保持水土、防风固沙、净化空气、美化环境等功能；湿地生态系统有涵养水源、调节径流、防洪抗灾、降解污染物、生物多样性保护等功能。重要生态功能区是指在保持流域、区域生态平衡、防止和减轻自然灾害，确保国家和地区生态安全方面具有重要作用的区域。自我国改革开放以来，随着经济的快速发展，不合理资源开发和自然资本的过度使用，致使我国重要生态功能区生态破坏严重，部分区域生态功能整体退化甚至丧失，严重威胁国家和区域的生态安全。因此，构建合理的生态体系具有重大意义。

1. 生态系统是客观存在的实体，有时间和空间的概念；
2. 生态系统是由生物成分和非生物成分组成的；
3. 生态体系是以生物为主体的；

4. 各成员之间有机地组织在一起，具有统一的整体功能。

植物群落的发生发展过程与其所处的环境有着密切的关系，一定的环境条件决定一定的植物群落，而植物自身对环境条件有改造作用，变化了的环境条件又反过来影响植物群落，在此过程中发挥其特具有的生态功能。因此，植物群落与其所处的非生物环境彼此不可分割地相互联系和相互作用，从而构成一个整体。构建生态系统需要一定地带上所有生物和非生物环境之间不断进行有序的物质循环和能量流动，从而形成一个统一的有机整体。

三、修复生态系统的生态观

所谓生态修复，是指对生态系统停止人为干扰，以减轻负荷压力，依靠生态系统的自我调节能力与自组能力使其向有序的方向进行演化，或者利用生态系统的这种自我恢复能力，辅以人工措施，使遭到破坏的生态系统逐步恢复或使生态系统向良性循环方向发展；主要致力于那些在自然突变和人类活动影响下受到破坏的自然生态系统的恢复与重建工作，以恢复生态系统本来的面貌，比如砍伐的森林要重新种植上树木，做到退耕还林，让动物回到原来的生活环境中等。这样，生态系统得到了较好的恢复，称为“生态恢复”。

由于生态系统具有自我调节机制，所以在通常情况下，生态系统会保持自身的生态平衡。生态系统的恢复能力是由生命成分的基本属性所决定的，是由生物顽固的生命力和种群世代延续的基本特征所决定的，所以恢复力强的生态系统生物的生活世代短，结构比较简单，如草原生态系统遭受破坏后，恢复速度比森林生态系统快得多。生物成分生活世代长、结构复杂的生态系统，一旦遭到破坏，则长期难以恢复。因此，生态系统的修复如需见效快，可以先从草本、地被植物入手。

第十章

室内植物造景设计

室内植物造景设计是指按照室内环境的特点，利用以室内观叶植物为主的观赏材料，结合人们的生活需要，对使用的器物和场所进行美化装饰的活动。这种美化装饰是从人们的物质生活与精神生活的需要出发，配合整个室内环境进行设计，使室内室外融为一体，体现动和静的结合，达到人、室内环境与大自然的和谐统一。它是传统的建筑装饰的重要手段。

早在17世纪，室内绿化就已处于萌芽状态，一叶兰和垂笑君子兰是最早被选作室内绿化的植物。19世纪初，仙人掌植物风行一时，此后蕨类植物、八仙花属等植物相继被采用。此后种类越来越多，使得室内绿化在近几十年的发展过程中达到繁荣兴盛的阶段。

室内植物造景设计是人们将自然界的植物进一步引入居室、客厅、书房、办公室等自用建筑空间以及超市、宾馆、咖啡馆、室内游泳池、展览温室等公共的共享建筑空间中。自用空间一般具有一定的私密性，面积较小，以休息、学习、交谈为主，植物景观宜素雅、宁静；共享空间以游赏为主，当然也有坐下饮食、休息之用，空间一般较大，植物景观宜活泼、丰富多彩，甚至有山、水、小桥、亭台等构筑物。

第一节　室内环境特点与植物选择

室内生态环境条件与室外生态环境条件相差较大。室内环境通常情况下会有光照不足、空气湿度低、空气流通少、温度较恒定的特点，因此并不利于植物生长。为了保证植物的生长条件，除选择较能适应室内生长的植物种类外，还需通过人工装置的设备来改善室内光照、温度、空气湿度、通风等条件，以维持植物生长。

一、室内环境特点

（一）光照

室内限制植物生长的主要生态因子是光。如果光照强度达不到光补偿点，将导致植物生长衰弱甚至死亡。综合国内外各方面光照与植物生长关系的资料，一般认为低于300 1x的光照强度，植物不能维持生长；照度在300～800 1x，若每天保证能持续8～12小时，则植物可维持生长，甚至能增加少量新叶；照度在800～1600 1x，若每天能持续8～12小时，则植物生长良好，可换新叶；照度在1600 1x以上，若每天持续12小时，植物甚至可以开花。

1. 自然光照

自然光照是指来源于顶窗、侧窗、屋顶、天井等处的光照。自然光具有植物生长所需的各种光谱成分，无需成本，但是受到纬度、季节及天气状况的影响，室内的受光面也因朝向、玻璃质量等变化不一。一般屋顶及顶窗采光最佳，受干扰少，光照及面积均大，光照分布均匀，植物生长匀称。而侧窗采光则光强较低，面积较小，且导致植物侧向生长，侧窗的朝向同样影响室内的光照强度。

直射光：南窗、东窗、西窗都有直射光线，而以南窗直射光线最多，时间最长，所以在南窗附近可配置需光量大的植物种类，甚至少量观花种类。如仙人掌、蟹爪兰、杜鹃花等。当有窗帘遮挡时，可植虎尾兰、吊兰等稍耐阴的植物。

明亮光线：东窗、西窗除时间较短的直射光线外，大部分为漫射光线，仅为直射光20%～25%的光强。西窗夕阳光照强，夏季还需适当遮挡，冬季可补充室内光照，也可配置仙人掌类等多浆植物。东窗可配置些橡皮树、龟背竹、变叶木、苏铁、散尾葵、文竹、豆瓣绿、冷水花等。

中度光线：在北窗附近，或距强光窗户2 m远处，其光强仅为直射光的10%左右，只能配置些蕨类植物、冷水花、万年青等种类。

微弱光线：室内4个墙角，以及离光源6.5 m左右的墙边，光线微弱，仅为直射光的3%～5%，宜配置耐阴的喜林芋、棕竹等。

2. 人工光照

室内自然光照不足以维持植物生长，故须设置人工光照来补充。常见的有白炽灯和荧光灯。二者的优缺点如下。白炽灯的外形很多，可设计成各种光源的聚光灯或平顶型灯。优点是光源集中紧凑，安装价格低廉，体积小，种类多，红光多。缺点是能量功效低，光强常不能满足开花植物的要求；温度高、寿命短；光线分布不均匀，蓝光低等。故应用于居住环境中宜与天然光或具蓝光的荧光灯混合使用，并要考虑与植物的距离不宜太近，以免灼伤。荧光灯是最好的人工光照，其优点是能量功效大，比白炽灯放出的热量少；寿命长；光线分布均匀，光色多，蓝光较高，有利于观叶植物的生长。缺点是安装成本较高；光强不能聚在一起，灯管中间部分光效比两端高，红光低。此外，还有水银灯常用于高屋顶的商业环境，但成本很高。

(二) 温度

用作室内造景的植物大多原产在热带和亚热带，故其有效的生长温度以18～24℃为宜，夜晚也以高于10℃为好，最忌温度骤变。白天温度过高会导致过度失水，造成萎蔫；夜晚温度过低也会导致植物受损。故常设置恒温器，以便在夜间温度下降时增添能量。另外，顶窗的启闭可控制空气的流通及调节室内温度和湿度。

(三) 湿度

室内空气相对湿度过低不利于植物生长，过高人们会感到不舒服，一般控制于40%°～60%。如降至25%以下，则会导致植物生长不良，因此要预防冬季供暖时空气湿度过低的弊病。室内造景时，设置水池、叠水、瀑布、喷泉等均有助于提高空气湿度。如无这些设备时，可以增加喷雾或采用套盆栽植等手段来提高空气湿度。

(四) 通风

室内空气流通差，常导致植物生长不良，甚至发生叶枯、叶腐、病虫滋生等现象，故要通过开启窗户来进行调节。此外，还可以设置空调系统的冷、热风口予以调节。

二、室内植物选择

近十多年来，室内绿化发展迅猛，不仅体现在植物种类增多，也体现在配置的艺术性及养护的水平也越来越高。室内植物主要以观叶种类为主，间有少量赏花、观果种类。室内的植物选择是双向的：一方面对室内来说，是选择什么样的植物较为合适；另一方面对植物来说，应该有什么样的室内环境才能适合其生长。因此，在设计之初，就应该和其他功能一样，拟订出一个“绿色计划”。

为了适应室内条件，应选择能经受低光照、低湿度、高温度的植物。一般说来，观花植物比观叶植物需要更多的细心照料。根据上述情况，在室内选用植物时，应首先考虑如何更好地为室内植物创造良好的生长环境，如加强室内外空间联系，尽可能创造开敞和半开敞空间，提供更多的日照条件，采用多种自然采光方式，尽可能挖掘和开辟更多的地面或楼层的绿化种植面积，布置花园、增设阳台，选择在适当的墙面上悬置花槽等，创造充满绿色特色的室内空间，并在此基础上考虑选择室内植物的目的、用途、意义、造型、风格、大小、色彩、种类、养护等问题。

（一）室内植物选择应考虑的因素

如前所述，室内植物选择时应考虑多方面因素，主要包括以下几个方面：

1. 给室内创造怎样的气氛和印象。不同的植物形态、色泽、造型等都表现出不同的性格、情调和气氛，如庄重感、雄伟感、潇洒感、抒情感、华丽感、淡泊感、幽静感等，选择时应和室内要求的气氛达到一致。现代室内为引人注目的宽叶植物提供了理想的背景，而古典传统的室内可以与小叶植物更好地结合。不同的植物形态和不同室内风格有着密切的联系。

2. 应根据空间的大小选择植物的尺度。一般把室内植物分为大、中、小三类：小型植物高度在 0.3 m 以下；中型植物高度为 0.3 ~ 1 m ；大型植物高度在 1 m 以上。植物的大小应和室内空间尺度以及家具获得良好的比例关系，小的植物并没有组成群体时，对大的开敞空间影响不大，而茂盛的乔木会使一般房间变小，但对高大的中庭又能增强其雄伟的风格。有些乔木也可抑制其生长速度或采取树桩盆景的方式，使其能适于室内观赏。

3. 利用不占室内面积之处布置绿化。如利用柜架、壁龛、窗台、角隅、楼梯背部等处以及各种悬挂方式。

4. 植物的色彩是另一个须考虑的问题。鲜艳美丽的花叶可为室内增色不少，植物的色彩选择应和整个室内色彩取得协调。由于现在可选用的植物多种多样，对多种不同的叶形、色彩、大小应予以组织和简化，但过多的对比会使室内显得凌乱。

5. 种植植物容器的选择。应按照花形选择其大小、质地，不宜突出花盆的釉彩，以免遮掩了植物本身的美。玻璃瓶养花可利用化学烧瓶，简捷、大方、透明、耐用，适合于任何场所，并可透过玻璃观赏到美丽的须根、卵石。

6. 与室外的联系。如面向室外花园的开敞空间，被选择的植物应与室外植物取得协调。植物的容器、室内地面材料应与室外取得一致，使室内空间有扩大感和整体感。

7. 养护问题，包括修剪、绑扎、浇水、施肥。对悬挂植物更应注意采取相应供水的办法避免冷气和穿堂风对植物的伤害，对观花植物予以更多的照顾。

8. 注意少数人对某种植物的过敏性问题。

以上因素在室内植物造景设计时应综合考量，慎重选择。

（二）室内植物选择的基本原则

1. 形式美原则

形式美是室内植物造景设计的重要原则。因此，必须依照美学的原理，通过艺术的设计，明确主题，合理布局，分清层次，协调形状和色彩，才能收到和谐美丽的艺术效果，使植物布置很自然地与室内装饰艺术联系在一起。为体现室内植物造景设计的艺术美，必须通过一定的形式，使其体现构图合理、色彩协调、形式和谐。

（1）构图合理。构图是将不同形状、色泽的物体按照美学的观念组成一个和谐的景观。绿化装饰要求构图合理（即构图美）。构图是装饰工作的关键问题，在装饰布置时必须注意两个方面：其一是布置均衡，以保持稳定感和安定感；其二是比例合度，体现真实感和舒适感。

布置均衡包括对称均衡和不对称均衡两种形式。人们在居室绿化装饰时习惯于对称均衡，如在走道两边、会场两侧等摆上同样品种和同一规格的花卉，显得规则整齐、庄重严肃。与对称均衡相反的是室内绿化自然式装饰的不对称均衡。如在客厅沙发的一侧摆上一盆较大的植物，另一侧摆上一盆较矮的植物，同时在其近邻花架上摆上一悬垂花卉。这种布置虽然不对称，但却给人以协调感，视觉上认为二者重量相当，仍可视为均衡。这种绿化布置得轻松活泼，富于雅趣。

比例合度，是指植物的形态、规格等要与所摆设的场所大小、位置相配套。比如，空间大的位置可选用大型植株及大叶品种，以利于植物与空间的协调；小型居室或茶几案头只能摆设矮小植株或小盆花木，这样会显得优雅得体。

掌握布置均衡和比例合度这两个基本点，就可有目的地进行室内植物造景设计的构图组织，实现装饰艺术的创作，做到立意明确、构图新颖，组织合理，使室内观叶植物虽在斗室之中，却能“隐现无穷之态，招摇不尽之春”。

（2）色彩协调。色彩感觉是美感中最大众的形成。色彩包括色相、明度和彩度三个基本要素。色相就是色别，即不同色彩的种类和名称；明度是指色彩的明暗程度；彩度也叫饱和度，即标准色。色彩对人的视觉是一个十分醒目且敏感的因素，在室内植物造景设计艺术中发挥着举足轻重的作用。

室内植物造景设计的形式要根据室内的色彩状况而定。如以叶色深沉的室内观叶植物或颜色艳丽的花卉作布置时，背景底色宜用淡色调或亮色调，以突出布置的立体感；居室光线不足、底色较深时，宜选用色彩鲜艳或淡绿色、黄白色的浅色花卉，以便取得理想的衬托效果。陈设的花卉也应与家具色彩相互衬托，如清新淡雅的花卉摆在底色较深的柜台、案头上可以提高花卉色彩的明亮度，使人精神振奋。

此外，室内植物造景设计植物色彩的选配还要随季节变化以及布置用途不同而作必要的调整。

（3）形式和谐。植物的姿色形态是室内植物造景设计的第一特性，它将给人以深刻的印象。在进行室内植物造景设计时，要依据各种植物的各自姿色形态，选择合适的摆设形式和位置，同时注意与其他配套的花盆、器具和饰物间搭配协调，力求做到和谐相宜。如悬垂花卉宜置于高台花架、柜橱或吊挂高处，让其自然悬垂；色彩斑斓的植物宜置于低矮的台架上，以便于欣赏其艳丽的色彩；直立、规则植物宜摆在视线集中的位置；空间较大的中间位置可以摆设丰满、匀称的植物，必要时还可采用群体布置，将高大植物与其他矮生品种摆设在一起，以突出布置效果等。

2. 实用原则

室内植物造景设计必须符合功能性要求，要实用，这是室内植物造景设计的另一重要原则。要根据绿化布置场所的性质和功能要求，从实际出发，才能做到绿化装饰美学效果与实用效果的高度统一。如书房是读书和写作的场所，应以摆设清秀典雅的绿色植物为主，以创造一个安宁、优雅、静穆的环境，使人在学习间隙举目张望，让绿色调节视力，缓和疲劳，起镇静悦目的功效；而不宜摆设色彩鲜艳的花卉。

3. 经济原则

室内植物造景设计除要注意美学原则和实用原则外，还要求绿化装饰的方式经济可行，而且能保持长久。设计布置时要根据室内结构、建筑装修和室内配套器物的水平，选配合乎经济水平的档次和格调，使室内"软装修"与"硬装修"相协调；同时要根据室内环境特点及用途选择相应的室内观叶植物及装饰器物，使装饰效果能保持较长时间。

上述三个原则是室内植物造景设计的基本要求。它们联系密切，不可偏颇。如果一项装饰设计美丽动人，但不适于功能需要或费用昂贵，也算不上是一项好的装饰设计方案。

第二节　室内植物造景设计形式

室内植物造景设计形式除要根据植物材料的形态、大小、色彩及生态习性外，还要依据室内空间大小、光线强弱和季节变化，以及气氛而定。其装饰方法和形式多样，主要有栽植式、悬垂式、陈列式、壁挂式、攀附式以及迷你式等设计形式。

一、栽植式

这种装饰方法多用于室内花园及室内大厅堂有充分空间的场所。栽植时，多采用自然式，即平面聚散相依、疏密有致，并使乔灌木及草本植物和地被植物组成层次，注重姿态、色彩的协调搭配，适当注意采用室内观叶植物的色彩来丰富景观画面；同时考虑与山石、水景组合成景，模拟大自然的景观，给人以回归大自然的美感。

二、吊挂式

对于室内较大的空间内，应结合天花板、灯具，在窗前、墙角、家具旁吊放有一定体量的阴生悬垂植物，可改善室内人工建筑的生硬线条造成的枯燥单调感，营造生动活泼的空间立体美感，且“占天不占地”，可充分利用空间。这种装饰要使用金属、木材，或塑料吊盆，使之与所配材料有机结合，以取得意外的装饰效果。

三、陈列式

陈列式是室内植物造景设计最常用和最普通的装饰方式，包括点式、线式和面式三种。其中以点式最为常见，即将盆栽植物置于桌面、茶几、柜角、窗台及墙角，或在室内高空悬挂，构成绿色视点。线式和面式是将一组盆栽植物摆放成一条线或组织成自由式、规则式的片状图形，起到组织室内空间、区分室内不同用途场所的作用；或与家具结合，起到划分范围的作用。几盆或几十盆组成的片状摆放，可形成一个花坛，产生群体效应，同时可突出中心植物主题。采用陈列式绿化装饰，主要应考虑陈列的方式、方法和使用的器具是否符合装饰要求。传统的素烧盆及陶质釉盆仍然是主要的种植器具。至于出现的表面镀仿金、仿铜的金属容器及各种颜色的玻璃缸套盆则可与豪华的西式装饰相协调。总之，器具的表面装饰要视室内环境的色彩和质感及装饰情调而定。

四、壁挂式

室内墙壁的美化绿化也深受人们的欢迎。壁挂式有挂壁悬垂法、挂壁摆设法、嵌壁法和开窗法。预先在赶墙上设置局部凹凸不平的墙面和壁洞，放置盆栽植物；或在靠墙地面放置花盆，或砌种植槽，然后种上攀附植物，使其沿墙面生长，形成室内局部绿色的空间；或在墙壁上设立支架，在不占空间处放置花盆，以丰富空间。采用这种装饰方法时，应主要考虑植物姿态和色彩。壁挂式以悬垂攀附植物材料最为常用，其他类型植物材料也常使用。

五、攀附式

大厅和餐厅等室内某些区域需要分割时，可采用带攀附植物隔离，或带某种条形或图案花纹的栅栏再附以攀附植物。攀附植物与攀附材料在形状、色彩等方面要协调，以使室内空间分割合理、协调而且实用。

六、迷你式

迷你式这种装饰方式在欧美、日本等地极为盛行。其基本形态乃源自插花手法，利用迷你型观叶植物配置在不同容器内，摆置或悬吊在室内适宜的场所，或作为礼品赠送他人。这种装饰法设计最主要的目的是要达到功能性的绿化与美化，也就是说，在布置时要考虑室内观叶植物如何与生活空间内的环境、家具、日常用品等相搭配，使装饰植物材料与其环境、生态等因素高度统一。其应用方式主要有迷你吊钵、迷你花房、迷你庭园等。

第三节　室内主要场所的植物造景

室内植物造景的主要场所，主要分为室内公共空间场所和家居空间场所。而室内公共空间场所包括教育文化空间，如学校、文化馆、展览馆、科技馆等；餐饮娱乐空间，如餐厅、酒店、咖啡馆、KTV、网吧、健身房、美容院等；商业空间，如商场、专卖店、橱窗等；办公空间，如办公室、会议室等；观演空间，如电影院、影剧院等。室内家居空间按照户型结构分为别墅、洋房、公寓等多种形式。下面主要从室内家居空间的植物造景场所来分类阐述。

一、入口的植物造景

公共建筑的入口及门厅是人们必经之处，逗留时间短，交通量大。其植物景观应具有简洁鲜明的欢迎气氛，可选用较大型、姿态挺拔、叶片直上、不阻挡人们出入视线的盆栽植物，如棕榈、椰子、棕竹、苏铁、南洋杉等；也可用色彩艳丽、明快的盆花，盆器宜厚重、朴实，与入口体量相称，并可在突出的门廊上沿柱种植木香、凌霄等藤本观花植物。室内各入口一般光线较暗，场地较窄，宜选用修长耐阴的植物，如棕竹、旱伞草等，给人以线条活泼和明朗的感觉。

二、大门及玄关的植物造景

大门是进入空间的主要视觉集中点，因此在绿色植物的布置上应多予注意。棕竹、苏铁、南洋杉等造型舒展的植物是不错的选择。大门植物布置应考虑风水，一般讲究吉利。大门若对楼梯，可选用剑叶红、鱼尾葵、棕竹等摆放在适宜位置。

玄关是人们进到室内后产生第一印象的地区，因此摆放的室内植物占有重要的作用。大型植物加照明、有型有款的树木及盛开的兰花盆栽组合等设计，都适用于玄关。另外，玄关与客厅之间可以考虑摆设同种类的植物，以便连接这两个空间。摆在玄关的植物宜以观叶的常绿植物为主，例如铁树、发财树、黄金葛及赏叶榕等。而有刺的植物如仙人掌类及玫瑰、杜鹃等不宜放在玄关处，而且玄关植物必须保持常青，若有枯黄，就要尽快更换。

三、起居室的植物造景

起居室是接待客人或家人聚会之处，讲究温馨的环境氛围。植物配置时应力求朴素、美观大方，不宜复杂，色彩要求尽量明快。可在客厅的角落及沙发旁放置大型的观叶植物，如南洋杉、垂叶榕、龟背竹、棕榈科等植物；也可利用花架来布置盆花，或垂吊或直上，如绿萝、吊兰、蟆叶秋海棠、四季秋海棠等，使客厅一角多姿多态、生机勃勃。角橱、茶几上可置小盆的盆花。

起居室为休息会客之用，通常要求营造轻松的气氛，但对不同性格者可有差异。对于喜欢宁静者，只需少许观叶植物，体态宜轻盈、纤细，如吊兰、文竹、波士顿蕨、小型椰子等。选择应时花卉不宜花色鲜艳，可用兰花、彩叶草、球兰、万年青、旱伞草、仙客来等，或配以插花。橱顶、墙上配以垂吊植物，可增添室内装饰空间画面，使其更具立体感，又不占空间，常用吊竹梅、白粉藤类、蕨类、常春藤、绿萝等植物。如适当配上字画或壁画，环境则更为素雅。

四、厨房的植物造景

厨房的环境湿度对大部分的植物都非常适合。此外，一般家庭的厨房多采用白色或浅色装潢以及不锈钢水槽，色彩丰富的植物可以柔化硬朗的线条，为厨房注入一股生气。

一般来讲，建筑内的厨房是环境条件最差的，温度最高，空气中含油烟，空气湿度不稳定，所以，一般用抗污性强的植物，如吊兰、吊竹梅等吊挂类植物。

通常，窗户较少的朝北房间用些盆栽装饰可消除寒冷感，由于阳光少，应选择喜阴的植物，如广东万年青和星点木之类。厨房是操作频繁、物品零碎的工作间，油烟含量和温度都较高，因此不宜放大型盆栽，而吊挂盆栽则较为合适。其中以吊兰为佳，可将室内的一氧化碳、二氧化碳、二氧化硫、氮氧化物等有害气体吸收，起到净化空气的作用。

第四节　室内植物栽培及养护管理

一、室内植物的“光适应”

室内光照低，植物突然由高光照移入低光照下生长，常因不能适应导致死亡。故在移入室内之前，先进行一段时间的“光适应”，置于比原来光照略低、但高于将来室内的生长环境中。这段时间植物由于光照低，受到的生理压力会引起光合速率降低，利用体内贮存物质。同时，通过努力增加叶绿素含量、调整叶绿体的排列、降低呼吸速率等变化来提高对低光照的利用率。适应顺利者，叶绿素增加了，叶绿体基本进行了重新排列。可能掉了不少老叶，而产生了一些新叶，植株可以存活下来。

一些耐阴的木本植物，如垂叶榕需在全日照下培育，以获得健壮的树体，但在移入室内之前，必须先在比原来光照较低处得以适应，以后移到室内环境后，仍将进一步加深适应，直至每一片叶子都在新的生长环境条件下产生后才算完成。

植物对低光照条件的适应程度与时间长短及本身体量、年龄有关，也受到施肥、温度等外部因素的影响，通常需6周至6个月，甚至更长时间。大型的垂叶榕至少要3个月，而小型盆栽植物所需的时间则短得多。

正确的营养对帮助植物适应低光照环境是很重要的。一般情况下，当植物处于光适应阶段，应减少施肥量。温度的升高会引起呼吸率和光补偿点的升高，因此，在移入室内前，低温栽培环境对光适应来讲较为理想。有些植物虽然对光量需求不大，但由于生长环境光线太低，生长不良，需要适时将它们重新放回到高光照下去复壮。由于植株在低光照下产生的叶片已适应了低光照的环境，若光照突然过强，叶片会产生灼伤、变褐等严重伤害。因此，最好将它们移入比原先生长环境高不到5倍的光强下适应生长。

二、栽培容器及栽培方式

(一) 栽培容器

室内植物绿化所用的材料，除直接地栽外，绝大部分植于各式的盆、钵、箱、盒、篮、槽等容器中。容器的外形、色彩、质地各异，常成为室内陈设艺术的一部分。容器首先要满足植物的生长要求，有足够体量容纳根系正常的生长发育，还要有良好的透气性和排水性，坚固耐用。固定的容器要在建筑施工期间安排好排水系统。移动的容器，常垫以托盘，以免玷污室内地面。容器的外形、体量、色彩、质感应与所栽植物协调，不宜对比强烈或喧宾夺主，同时要与墙面、地面、家具、天花板等装潢陈设相协调。

容器的材料有黏土、木、藤、竹、陶质、石质、砖、水泥、塑料、玻璃纤维及金属等。黏土容器保水透气性好，外观简朴，易与植物搭配，但在装饰气氛浓厚处不相宜，需在外面套以其他材料的容器。木、藤、竹等天然材料制作的容器，取材普通，具朴实自然之趣，易于灵活布置，但坚固、耐久性较差。陶制容器具有多种样式，色彩吸引人，装饰性强，目前仍应用较广，但质量大，易打碎。石、砖、混凝土等容器表面质感坚硬、粗糙，不同的砌筑形式会产生质感上有趣的变化，因质量大，设计时常与建筑部件结合考虑而做成固定容器，其造型应与室内平面和空间构图统一构思，如可以与墙面、柱面、台阶、栏杆、隔断、座椅、雕塑等结合。塑料及玻璃纤维容器轻便，色彩、样式很多，还可仿制多种质感，但透气性差。金属容器光滑、明亮，装饰性强、轮廓简洁，多套在栽植盆外，适用于现代感强的空间。

（二）栽培方式

1. 土培。主要用园土、泥炭土、腐叶土、沙等混合成轻松、肥沃的盆土。香港优质盆土的配制比例是黏土：泥炭土：沙：蛭石 =1：2：1：1。每盆栽植一种植物，便于管理。如果在一大栽植盆中栽植多种植物形成组合栽植则管理较为复杂，但观赏效果大大提高。组合栽植要选择对光照、温度、水分湿度要求差别较小的植物种类配置在一起，高低错落，各展其姿，也可在其中插以水管，插上几朵应时花卉，如可将孔雀木、吊竹梅、紫叶秋海棠、变叶木、银边常春藤、白斑亮丝草等配置在一起。

2. 介质培和水培。以泥土为基质的盆栽虽历史悠久，但因卫生差，作为室内栽培方式已不太相宜，尤其是不宜用于病房，以免土中某些真菌有损病人体质，但介质培和水培就可克服此缺点。作为其介质的材料有陶砾、珍珠岩、蛭石、浮石、锯末、花生壳、泥炭、沙等。常用的比例是泥炭：珍珠岩：沙 =2：2：1；泥炭：浮石：沙 =2：2：1；泥炭：沙 =1：1；泥炭：沙 =3：1等。加人营养液后，可给植物提供氧、水、养分及对根部具有固定和支持作用。适宜作为无土栽培的植物，常见的有鸭脚木、八角金盘、熊掌木、散尾葵、金山葵、袖珍椰子、龙血树类、垂叶榕、橡皮树、南洋杉、变叶木、龟背竹、绿萝、铁线蕨、肾蕨、巢蕨、朱蕉、海芋、洋常春藤、孔雀木等。

3. 附生栽培。热带地区，尤其是雨林中有众多的附生植物，它们不需泥土，常附生在其他植株、朽木上。附生栽培是利用被附生植株上的植物纤维或本身基部枯死的根、叶等植物体作附生的基质。附生植物景观非常美丽，常为展览温室中重点景观的主要栽培方式。作为附生栽培的支持物可用树蕨、朽木、棕榈干、木板甚至岩石、篮等，附生的介质可采用蕨类的根、水苔、木屑、树皮、椰子或棕榈的叶鞘纤维、椰壳纤维等。将植物根部包上介质，再捆扎，附在支持物上。日常管理中要注意喷水，提高空气湿度即可。常见的附生栽培植物有兰科植物、凤梨科植物，蕨类植物中的铁线蕨、水龙骨属、鹿角蕨、骨补碎属、肾蕨、巢蕨等。

4. 瓶栽。需要高温高湿的小型植物可采用此种栽培方式。利用无色透明的广口瓶等玻璃器皿，选择植株矮小、生长缓慢的植物如虎耳草、豆瓣绿、网纹草、冷水花、吊兰及仙人掌类植物等植于瓶内，配置得当，饶有趣味。瓶栽植物可置于案头，也可悬吊。

第五节　郁金香春节室内花展研究

郁金香为百合科郁金香属多年生草本植物，在欧洲有着悠久的栽培历史，而在我国的引种栽培却比较晚。近些年来，随着人民生活水平的提高，花卉业的不断发展，郁金香在我国的应用也日益增多，除了对郁金香的鲜切花生产应用，越来越多的城市公园利用郁金香的自然花期开花，在早春季节进行花展展示，比如在北京中山公园、北京植物园、上海植物园等，每年早春季节都会举办郁金香花展。但是在国内，尤其是北方举办郁金香春节花展的却不多，主要是由于花展时间定在春节，需要对其花期进行严格而准确的控制，操作比较烦琐。

在我国北方冬季，室外植物枯落，人们可选择的出游地点很少。特别在春节，为了让人们在春节就能够欣赏到高贵典雅、色彩纯正、花色繁多、带有荷兰气息的郁金香，我园连续几年来引进荷兰郁金香种球，对其进行促成栽培，并在热带植物观赏厅举办郁金香春节花展，摸索并积累了一些郁金香春节花展的经验，为郁金香利用开辟了新途径。

一、基本情况介绍

(一) 郁金香培养及花展的环境条件

郁金香花展地点选择在热带植物观赏厅；种球箱式栽植地点设在生产温室。生产温室与热带植物观赏厅都为钢架结构，全光玻璃围墙、高透光保温阳光板的温室，保证了充足的光照；风机、水帘降温系统、天窗和侧窗、暖气等设施保证了温室内温度、湿度和通风等情况的调节。另外，热带植物观赏厅总建筑面积6000 m^2，厅内各种热带珍稀植物高低错落，各种园林景观设计独立而统一。选择合适地段做郁金香花展，色彩艳丽的郁金香与热带植物搭配形成的景观和谐且抢眼。

(二) 郁金香种球情况

目前，市场上销售的郁金香主要有3种：9℃、5℃处理球和未处理的常温球，其中9℃、5℃处理球用做圣诞、春节开花。5℃处理球是指种球经过中间温度的变温处理后，放置于5℃的冷凉环境中冷处理10~12周的种球；9℃处理球是指在变温处理后，种球进入9℃的低温贮藏室处理预冷。对于做春节郁金香花展，根据我们的经验，9℃、5℃处理球均可。9℃球由于是在种植前低温处理没有完全结束，因此需要在9℃环境下继续进行一般为4周的生根处理，方可进人生长温室，20~30天后开花；而5℃处理球在2周的生根期后，40天左右开花。因此，相对而言，5℃处理球可控性强一些，运用起来更为方便，做花展可以选择5℃处理球。

二、春节花展操作流程

(一) 郁金香种球选择、存放

郁金香种球选择从荷兰进口、周径在12 cm或12 cm以上的5℃优质种球。做花展的种球要选择花色艳丽、花型美观、植株粗壮、抗病力强的品种，同时要注意颜色，早、中、晚花期及植株高低的搭配。通过这几年的花展，我们发现有些品种效果不错。

种球到货后，如不能立即栽种，应放在温度为5℃左右、相对湿度70%，并有一定空气流通的地方。

(二) 前期准备工作

1. 种球准备

郁金香栽种前要仔细去除包在根外的褐色皮层，露出根盘，利于长根，决不能伤害到种球根原基，如有侧生仔球也一并剥去，以集中营养。

2. 备土

为了便于郁金香生根并保证植株有良好的根系，要求栽培土排水性能好，疏松无菌。我们按草炭土：中沙（生土也可）=1：2的比例配土。

3. 其他材料准备

箱式栽培的包装箱（由硬质塑料制成），规格60 cm×40 cm×20 cm，底部与四周都有条形孔；10c m×10 cm的营养钵；用于降温的遮阳网等材料。

第十一章

观赏植物在室内造景设计中的应用研究

第一节　室内植物景观发展概述及理论基础

一、几个基本概念

（一）室内植物

室内植物是指室内所生长的植物，任何在室内出现的植物都是室内植物。室内植物的内容包含面广，种类繁多。植物界所包含的植物只要在室内出现或者某一阶段在室内出现，都可以称作室内植物。小到在阴暗潮湿的厨房、卫生间角落自然生长的绿藻和苔藓，大到在一些商场酒店大厅种植的高大乔木和插花所使用的植物花材（植物的根、茎、叶或者是整株植物），都称作室内植物。

本书中所探讨的室内植物，是有人的行为干预的生长在室内的植物。室内的植物典型特征是生命形态依赖于人的行为干涉。具体来讲，本文讨论的室内植物绝大一部分是室内花卉，是近年来植物学家和园艺学家从世界上浩繁的植物宝库中选择出来的，适宜在室内较长期摆放观赏的植物。它们大都比较耐阴、喜温暖。其中以观叶为主，能够在室内条件下，长时间或较长时间正常生长发育的植物，称室内观叶植物。室内花卉中观叶植物占很大比重。这主要是因为观叶植物对光照和肥分的要求不像观果和观花植物那样严格，管理起来比较方便，他们不像观果和观花植物那样只是生长的某一阶段，即开化或结果时才有较高的观赏价值，而是能长期生机盎然地给人以美的享受。除观叶植物以外，室内花卉本身也包括一些观花或观果的盆栽植物，因其主要观赏的部位不同，大致可分为：1. 观花类，以观赏花朵为主，如牡丹、芍药、月季、菊花、鹤望兰等；2. 观果类，以观赏果实为主，如金橘、南天竹、五色椒等；3. 观茎类，以观赏多态的肉质茎为主，如仙人掌、光棍树等多浆类植物；4. 观叶类，以观赏叶片为主，如龟背竹、巴西铁树、绿萝、花叶芋、合果芋、喜林芋等。

室内植物栽培形式大致有四种：盆景、容器种植、插花和目前大型建筑中庭空间大量应用的地栽或称池栽的形式。

1. 盆景

盆景，顾名思义，是一种摆在盆中的微型的景观。是将山水树木经过提炼抽象化，表达风景的意境。盆景是我国传统的艺术形式，在我国至少有1200年的历史。盆景在唐代由我国传入日本，被称为“盆栽”。第二次世界大战后由日本传入欧美。

中国传统盆景通常可分为树桩盆景和山水盆景两大类。树桩盆景以树木为主要材料，山石、人物、鸟兽等作陪衬，通过蟠扎、修剪、整形等方法进行长期的艺术加工和园艺栽培，在盆中表现旷野巨木葱茂的大树景象，统称为树桩盆景。山水盆景是山、石、草、树在盆钵中排列组合构成的盆景景观，各类石材是这类盆景造型的主要素材。根据所用石材的不同又分为砂积石盆景和芦荟石盆景。

在当代的盆景创作中，还有以树桩（多株）组合为主，同时又配之石材及其他素材构成景观的，因此应称为“树石组合类”盆景。它是以三株以上的树桩进行组合，并配之石材及摆件，具有一定空间范围的盆景造型景观，它主要造型素材是树桩和石材。

还有一种微型盆景。微型盆景的标准一般限定在10厘米（或15厘米）以下，要求必须在5盆以上放置博古架上进行组合配置。好的微型盆景，虽体态微小，但却小中见大，玲珑精巧，确有“参天覆地之意”。

2. 容器种植

容器种植是传统的种植方式，是把单棵或者多棵植物培养在一个容器里，以前通常被称作盆花。常见的容器有陶土花盆、瓷花盆，随着科技的发展，近年来又出现水培植物，各式各样的玻璃制品也被选作植物种植的容器。容器种植的最大特点就是搬运方便，形成景观速度快，干净卫生，便于管理。

3. 插花

中国式插花起源很早，瓶上插花最初用于寺庙供品，后传入宫廷，流入民间，而文人插花，更将这门艺术提高到了新的水平。我国人民崇尚自然，因此传统的中国式插花艺术最大的特点是造型生动，色彩自然，与中国的园

林、盆景艺术一样，是大自然的缩影。

中国的插花是与插花用的器皿、几架连在一起欣赏的，无论从款式和色彩都需与插花的主题取得和谐统一。初期多用铜器，如盛酒的觯、尊、觚、壶等。后来陶瓷工业发展，便开始用陶瓷器皿插花，如净瓶、梅瓶、浅水盘等。几架有酸枝、红木、树桩头、根雕座等。器皿、几架与插花配合，大大丰富了欣赏内容。

中国式插花最早是以寺庙供花的形式出现的。传统的插花艺术经文人士大夫的吸收、改造，创造出别具一格的文人插花，与宫廷插花及民间插花有所不同，它不重排场，不为祈福，主要是讲求情趣，借花明志抒情，讲究诗情画意。构图受中国画影响较深，插花的表现手法灵活自由，多选用色彩素雅的兰、松、梅、菊等植物材料。

中国的插花艺术经日本的遣唐使带回国内，在日本掀起了学习中国插花艺术的热潮。日本人将中国的插花艺术融汇吸收，并创造了日本风格的“花道”。日本的插花注重形式，较为严谨，在长期的发展中形成了不少的流派，其中有代表的是“池坊流”“小原流”和“草月流”三大家。“池坊流”昔日只作为一种供花的式样，现今已成为插花艺术的一个大流派，并在形式上有了不少的改进。“小原流”插花是以色彩插花和写景插花为主。“草月流”插花，着意于使插花艺术和当前的生活实际相结合，以反映新生活为主，崇尚自然，各类花材与表现手法兼收并蓄。

传统的西方式插花是以欧洲为代表，它的插法特点是色彩浓烈，是用大量不同颜色和不同质感的花组合而成。以几何图形构图，讲究对称与平衡。由于各种不同的图形都有较为明显的轴线（亦称中心线），因此尽管采用成簇的插法，色彩斑斓，绚丽耀目，但杂而不乱，浑然一体，花与花之间，叶与叶之间层次分明，有深度，有节奏，表现出很好的章法。现代的西方式插花是把东方式和传统的西方式插花相结合，经过分解、构成设计，插出的作品更能表现出色彩及花朵的美感。

（二）景观

什么是景观？景观的基本概念是指某地区或某种类型的自然景色，也指人工创造的景色森林景观，泛指自然景色，景象。人们一般对景观有以下的几种理解：1.某一区域的综合特征，包括自然、经济、文化诸方面；2.一般自然综合体；3.区域单位，相当于综合自然区划等级系统中最小的一级自然区；4.任何区域单位。园林学科中所说的景观一般指，具有审美特征的自然和人工的地表景色，意同风光、景色、风景。

景观是一个具有时间属性的动态整体系统，它是由地理圈、生物圈、和人类文化圈共同作用形成的。当今的景观概念已经涉及地理、生态、园林、建筑、文化、艺术、哲学、美学等多个方面。由于景观研究是一门指出未来方向、指导人们行为的学科，它要求人们跨越所属领域的界限，跨越人们熟悉的思维模式，并建立与它领域融合的共同的基础。因此，在综合各个学科景观概念的基础上，要更好地将其应用于各种土木工程建设、城市规划设计及人居环境的改善等具体项目建设上。景观，无论在西方还是在中国都是一个美丽而难以说清的概念，不同的人也会有很不同的理解，正如 Meinig 所说“同一景象的十个版本”。

二、室内植物景观的发展历史概述

(一) 室内植物景观的起源

在植物由自然生态环境进入室内空间的过程中，盆栽是一个历史性的转折。盆栽这一简单的栽培形式，彻底解决了野生状态下植物对土壤和水分的依赖，使得植物从室外迁到室内成为了可能。人类的祖先利用这种栽培形式，出于不同目的，也许是对美的认识提高，对精神生活的追求，或者是仪式的道具，也可能是某种图腾的象征，等等，把植物从野生状态下搬入室内，经过人的驯化和培养，成为了室内植物。目前所有有关室内植物起源的有力证据均和盆栽有关。但是盆栽之前是否已经开始培养室内植物，以我个人观点，也可能已经有了室内植物，用陶器等作为盆栽道具是其中的一种，只是由于陶器等利于保存，可以保存至今，所以有据可查。

公元前 3000 ~ 1100 年，古希腊克里特岛人已开始用富于装饰性的底部有孔的花盆栽植枣椰、伞草，以供欣赏。

公元前 1503 ~ 1482 年，古埃及皇后海茨海泊，在她的宫廷中用盆栽植物来提供装饰及芳香，她派人从非洲东部收集来橄榄科的一种树，单株装盆后规则式排列观赏。在她的墓穴壁画中有着保存最早的盆栽植物图形。

古巴比伦国王那布卡那亚二世（公元前605～562年）为其皇后建造的空中花园，植物均栽于透气的容器或种植池中。这一建筑可谓室内植物绿化的前身，除容器栽培之外，它还具备了现代室内植物景观的其他重要特征：构思巧妙的防水设施、复杂的灌溉系统。其建筑的实用功能已由唯一降到次要，其主旨是人为地再现一种异地景观，供拥有者游憩欣赏。

公元2000年前的古罗马时期，室内盆栽花园盛行。那时由于城市的迅速发展使城镇居民用地受到限制，室外花园规模相应缩小，对自然的依恋促使居民兴建室内盆栽花园，以此来弥补室外花园空间的不足。这一时期，建筑设计中出现中庭，人们常在此迎宾，中庭中多用植物布置来营造热情友善的气氛。可见，室内植物运用始于盆栽，且盆栽在国外有着悠久的历史。

在中国，有据可查的最早盆栽是1977年在我国浙江余姚河姆渡新石器时期遗址距今约7000年的第四文化层中，出土的两块刻画有盆栽图案的陶器残块。一块是五叶纹陶块，刻画的图案保存完整。在一带有短足的长方形花盆内，阴刻着一株万年青状的植物（据陈俊愉教授讲），浙江余姚为万年青原产地之一，共5叶，一叶居中挺拔向上，另4叶对称分列两侧。整个画面统一、均衡，比例协调，充满生机。另一块是三叶纹陶块，在一刻有环形装饰图案的长方形式花盆上，也阴刻着一株万年青状的植物（经吴涤新教授鉴定为万年青），共12叶，3叶均略斜向上挺立，生机盎然，富于动感。它是我国迄今为止发现的最早的盆栽了，或者说是最原始、最初级、最简单的盆景，也是世界上发现最早的盆景。

（二）近现代室内植物景观的发展

17世纪，英国工业革命带来了建筑材料和建筑结构方面的革新，玻璃与钢结构开始出现。由于大英帝国的海外殖民统治，大量海外植物引种到英国。这推动了玻璃暖房的发展。第一个玻璃暖房是19世纪20年代建于伦敦郊外的，它主要是用来为引种植物提供生长、繁殖的场所。整个温室用玻璃围合而成，加热用地下热水蒸气管道提供。

早在1820年，世界上第一个玻璃温室在伦敦郊区建成，由此开始酝酿室内植物作为景观要素的室内设计革命。在随后一百多年里，出现了许多关于室内植物栽培的研究成果和技术手段，但是真正的造景理念还处于一个朦胧的探索期。直到20世纪60年代，约翰·波特曼重新提出共享空间的概念，在亚特兰大市的摄政旅馆中设计出了一座22层高的中庭，顶部自然采光，底部采用多层次的植物组合造。它的成功引起了建筑风格的改变，其中最重要的是确立了中庭作为现代建筑的焦点地位，而室内植物是整个室内景观的主体材料，因此它是室内植物景观发展的里程碑。

1840年以后，玻璃与钢结构不再限于园艺用途，居室开始大量使用这些新的建材。玻璃暖房和封闭的玻璃容器箱成了许多维多利亚家庭的景观，没有玻璃暖房的家庭也会在光线较好的客厅布置植物。

当温室技术渐渐成熟，室内植物也日益被人们认识并欣赏。室内植物的普及从维多利亚时代开始，一直持续到19世纪下半叶。19世纪，加热系统的改进以及透光材料的运用使植物成为居室的重要装饰，20世纪，初室内环境的机械控制系统的完善则扩大了植物在室内的应用范围。

室内环境的机械控制是由美国人引导的。1878年，爱迪生发明电灯，1888年用于植物补充光照。但最初的白炽灯热效高光谱多在红光区，不利于植物生长。直到1938年以后，随着日光灯、金属卤化物灯以及高压钠蒸汽灯等高效节能灯的相机发明之后，电灯才被广泛用作植物生长光源。19世纪制冷系统的发明、20世纪初空调系统的发明及其应用，为现代室内的照明、通风以及温度和空气的调节提供了人工控制的可能，也为植物在室内空间中健康地生长提供了技术保障。

在这个时期，玻璃暖房技术以及室内人工环境控制技术得到了很大的发展，室内种植的品种也大大增加，为以后的在大型建筑内部空间中植物的种植提供了技术上的保障。

当20世纪上半叶战争的阴云散去之后，从20世纪60年代起，室内植物景观又成了被大量运用的主题。

1967年，在纽约落成的福特基金会大楼，标志着以植物景观为主题的室内庭园在现代结构的大型建筑物中开始应用。大楼底层白由布局的室内中庭种植着繁茂的植物，创造出一种稠密、交错、丛林式的景观。

60年代后期波特曼中庭共享空间的兴起，带动了大尺度空间中的以景观为主题的室内设计的发展。现代中庭是对户外的隐喻。中庭提供了一个令人愉快、景色深远，并在感觉上与人们周围的人工空间非常不同的感受。从周围人工环境中进入以植物景观为主题的观赏者就会把中庭当作一个替代性的外部空间得到满足。

在我国，直至20世纪80年代初，才开始有在公共建筑室内营造大型植物景观庭园的尝试。其中著名的有广州白天鹅宾馆的以“故乡水”为题的中庭景观和北京香山饭店的四季厅、北京昆仑饭店的四季厅、上海静安希尔顿酒店。这个时期，我国的室内植物景观设计很大程度上是将中国传统的室外园林室内化，叠山缀石，摆放一些较大型的植物。近期，又有不少新的作品出现，比较具有典型意义的如新近落成的北京长安街上的中国银行大厦，以及上海威斯汀大酒店等。从这些作品中我们可以发现，我国当代的室内自然景观从追求园林化的效果转向了自然元素符号化的表达。

虽然在室外造园史上，西方古典园林是以几何化、建筑化为特点的，而东方古典园林是以保持自然元素天然形态为特点的，但在室内景观设计上，由于西方是以温室景观为室内自然景观的鼻祖，而东方传承的是高度抽象化的盆景艺术，因此，西方室内自然景观反而以描摹室外真实景观胜过抽象自然，而东方以提炼自然元素将室内自然景观符号化。

在另一个方面，绿色建筑的兴起也对室内自然景观设计产生了影响。从20世纪80年代开始，国际上对绿色建筑开始关注，设计结合当地气候，在高层建筑空间中，引入绿化等一系列基于生态考虑的措施，开始了更多的实践。其中早期比较著名的例子是法兰克福商业银行总部大厦，它被誉为全球十大生态建筑之一。马来西亚建筑师杨经文在生物气候建筑的构想及设计实践中，不仅分析了植物的美学、生态学和能源保护等方面的作用，还试图通过建筑的综合绿化来减轻城市的热岛效应并改善区域微气候，并在他的设计中进行了实验，如梅纳拉商厦、马来西亚IBM大厦等。

2000年，德国汉诺威举办了以“新世界的创造一人类·自然·科学”为主题的世界博览会。这次博览会，把重点放在保护地球环境，强调“持续可能的发展”方面，倡导自然和技术的调和。因此组织委员会要求各参加国和机构承担这样的义务，即尽量使用展览结束之后可以再利用的素材建设博览馆，这样出现了有的国家在博览馆中再现自然中的桦树林、瀑布、沼泽地以及鸟语花香等风景。这些主要是在重视保护自然的发达国家的博览馆，例如西班牙、挪威、荷兰和芬兰馆等。这其中以MVDRV设计的荷兰馆最为突出，它不仅将绿化引入建筑，使绿化成为展示的重要内容，而且还将绿化竖向整合，进一步地探索了作为世界人口密度最高的国家如何构建21世纪的美好家园的可能性。

三、室内植物景观设计的理论基础

(一) 中国传统风水理论

风水，本为相地之术，即临场校察地理的方法，叫地相(古代称堪舆术)，用来选择宫殿、村落选址、墓地建设等方法及原则。原意是选择合适的地方的一门学问。历史上最先给风水下定义的是晋代郭璞，他在《葬书》中云:“葬者，乘生气也。气乘风是散，散界水则止。古人聚之使不散，行之使有止，故谓之风水。”清人范宜宾为《葬书》作注云:“无水则风到而气散，有水则气止而风无，故风水二字为地学之最，而其中以得水之地为上等，以藏风之地为次等。”这就是说，风水是古代的一门有关生气的术数，只有在避风聚水的情况下，才能得到生气。什么是生气呢？《吕氏春秋·季春》云:“生气方盛，阳气发泄。”生气是万物生长发育之气，是能够焕发生命力的元素。

风水理论认为，宅居环境的经营最根本的就是要顺应天道，以自然生态系统为本，来构建宅的人工生态系统。如《黄帝宅经》强调:“宅修造，唯看天道。天德、月德、生气到即修之。不避将军、太岁、豹尾、黄蟠、黑方及音姓忌宜，顺阴阳二气为正。”风水理论认为，天地(自然)的运动直接与人相关。这种“天人合一”的思想，与现代的生态学对自然界的理解和认识是一致的。认为人与自然应取得一种和谐的关系。追求一种优美的、赏心悦目的自然和人为环境的思想始终包含在风水理论的观念之中。居住环境不仅要有良好的自然生态，也要有良好的自然景观和人为景观。

风水术语虽无“生态”一词，但其概念却由“风水”“生气”等语所涵构。通览有关术书，不难看出，“风水”实质是对影响地球生物圈最为重要的大气圈作用的“风”和水圈作用的“水”的整合运作机制的集中概括。而“生气”作为风水理论关于审辩、选择和经营宅居环境的要髓，既含有维持生命存在并决定其发展变化的环境系统的意义，内涵与现代“生态”同义，而且更具有“良好生态”“生生不息”和“生机盎然”等意象，反映了中国传统文化的价值观和哲学、美学取向。

近年来，随着人口的爆炸、环境的污染、资源的枯竭，国内外学者转向了对中国传统风水理论的研究。现在学者们对风水理论比较一致的看法是：风水理论虽然不乏迷信内容，但同时“风水理论实际是一门地理学、气象学、景观学、生态学、城市建筑学等综合的自然科学。”重新考虑它的本质思想和它研究具体问题的技术，对我们今天来说，是很有意义的。2004年，国家住宅与居住环境工程中心发布了《2004年健康住宅技术要点》，明确指出：“住宅风水作为一种文化遗产，对人们的意识和行为有深远的影响。它既含有科学的成分，又含有迷信的成分。用辩证的观点来看待风水理论，正确理解住宅风水与现代居住理念的一致与矛盾，有利于吸取其精华，摒弃其糟粕，强调人与自然的和谐统一，关注居住与自然及环境的整体关系，丰富健康住宅的生态、文化和内涵。”

（二）生态美学理论

生态美学，顾名思义，就是生态学和美学相应而形成的一门新型学科。生态学是研究生物（包括人类）与其生存环境相互关系的一门自然科学学科，美学是研究人与现实审美关系的一门哲学学科，然而这两门学科在研究人与自然、人与环境相互关系的问题上却找到了特殊的结合点。生态美学就生长在这个结合点上。生态美学是生态学与美学的有机结合，实际上是从生态学的方向研究美学问题，将生态学的重要观点吸收到美学之中，从而形成一种崭新的美学理论形态。具体内容包括：人工生态美、纯朴自然美、体感舒适美、色彩含蓄美。

生态美学的产生具有重要意义。它的产生形成并丰富了当代生态存在论美学观。这种美学观同以萨特为代表的传统存在论美学观相比在“存在”的范围、内部关系、观照“存在”的视角、存在的审美价值内涵等方面均有突破。是一种克服传统存在论美学各种局限和消极方面，并更具整体性和建设性的美学理论。它将各种生态学原则吸收进美学，成为美学理论中著名的“绿色原则”。在室内环境的创造中，它强调自然美，欣赏质朴、简洁而不刻意雕凿；它同时强调人类在遵循生态规律和美学原则的前提下，运用科技手段加工改造自然，创造人工生态美。所以一方面要遵循生态规律和美的法则，使室内设计尽可能符合生态系统要求；另一方面，还要发挥人的创造才能，运用科技成果加工改造自然，创造人工生态美的环境，达到人工环境与自然环境的融合。它所带给人们的不是一时的视觉震惊，而是持久的精神愉悦。通过仿生的生物材料和不加雕饰的表面处理，带给人质朴、清新、简洁的视感享受。因此，生态美也是一种更高层次的美。

在现代建筑的室内环境中，色彩的独立性得到强化，甚至出现了脱离物体本身色彩属性的超级平面美术设计，忽视了环境中的色彩自然属性，造成了色彩的随意滥用，形成新的视觉污染。室内生态设计则重新审视环境色彩的运用，遵循自然的色彩规律，体现新的色彩审美哲理。可以说，新的生态美学观代表了一种可持续性的审美趋向。

（三）生态学理论基础

生态学，是德国生物学家恩斯特·海克尔于1869年定义的一个概念：生态学是研究生物体与其周围环境（包括非生物环境和生物环境）相互关系的科学。目前已经发展为“研究生物与其环境之间的相互关系的科学”。有自己的研究对象、任务和方法的比较完整和独立的学科。它们的研究方法经过描述—实验—物质定量三个过程。系统论、控制论、信息论的概念和方法的引入，促进了生态学理论的发展。

20世纪60年代以后，生态学迅猛发展并向其他科学进行渗透，逐渐成为一门综合性的科学。尚未形成体系的建筑生态学是生态学概念在规划和建筑领域的体现。室内景观设计作为生态建筑设计的一部分，设计时要求以最大限度地减少环境污染为原则，特别注意和自然环境的协调，善于因地制宜、因势利导地利用一切可以运用的因素，高效地利用自然资源。同时，室内自然景观作为一个相对独立的系统，必然和建筑室内环境（甚至建筑外部环境）、建筑内部人的行为有着密不可分的联系。研究不同系统之间的协调性、景观在建筑空间中的格局和尺度，以及系统的开放程度，是基于生态的室内自然景观设计的另一个方面。

(四) 环境心理学理论

环境心理学是研究环境与人的心理和行为之间关系的一个应用社会心理学领域，又称人类生态学或生态心理学。这里所说的环境虽然也包括社会环境，但主要是指物理环境，包括噪音、拥挤、空气质量、温度、建筑设计、个人空间，等等。

环境心理学涉及心理学、社会学、行为学、人类学、风俗学、生态学以及人文地理学等学科领域，是一门新兴的综合性学科。心理学作为一门古老的公共学科，主要研究社会环境中人与人之间行为及在行为过程中人的心理过程的科学，社会环境以外的心理学问题涉及较少，而环境心理学则是用心理学的方法探讨人与各种环境关系和行为的一门学科。

建筑结构和布局不仅影响生活和工作在其中的人，也影响外来访问的人。不同的住房设计引起不同的交往和友谊模式。高层公寓式建筑和四合院布局产生了不同的人际关系，这已引起人们的注意。国外关于居住距离对于友谊模式的影响已有过不少的研究。通常居住近的人交往频率高，容易建立友谊。

房间内部的安排和布置也影响人们的知觉和行为。颜色可使人产生冷暖的感觉，家具安排可使人产生开阔或挤压的感觉。家具的安排也影响人际交往。社会心理学家把家具安排区分为两类：一类称为亲社会空间，一类称为远社会空间。在前者的情况下，家具成行排列，如车站，因为在那里人们不希望进行亲密交往；在后者的情况下，家具成组安排，如家庭，因为在那里人们都希望进行亲密交往。

第二节　室内植物景观的功能

室内植物景观具有特殊的、与众不同的功能。归纳起来室内自然景观一般具有四种功能：美学功能、生态功能、建造功能和心理功能。

一、室内植物景观的美学功能

(一) 室内植物景观美的因素构成

植物景观是室内自然景观的主体，因而室内自然景观具有自然界景观的一些美学因素。

1. 形象美

黑格尔说过“美是形象的显现”。形象美是自然景观中最显著的特征，自然景观只有通过其形象显现出来，审美主体才能感受到它的美。形象美的特征十分丰富。人们通常用“雄、奇、险、秀、幽”这几个字来概括自然景观形象美的主要特征。在宏观上可能突出一两种形象美，或雄，或秀，或奇……但在微观上则幻化出各种各样的形象美。雄：雄是一种壮观、崇高的景象，气势磅礴，给人一种震撼的感觉；秀：秀的形象特征是柔和、秀丽、优美，给人一种恬美、安逸、心情舒适的审美享受。观赏这种景观，总使人感到幸福愉快，性情得到陶冶，情趣得到安慰。奇：奇是指有别于常见的同类事物，具有独特的形象的自然景观；险：越是惊险的地方，人们越是想去观赏、领略，这是好奇心理所致；幽：幽是一种意境深邃的审美特征，具有广泛的内涵。幽的美在于深藏，藏而不露，露而自然，景藏得越深，越富于情趣。

2. 色彩美

随着季节变换，昼夜更替，自然景物相映生辉，呈现出丰富奇幻的色彩，构成“最大众化的一种审美形式”。

色彩的变化无疑是自然景观最动人、最富有生机的形象；绚丽的色彩能给人带来赏心悦目的美感，令人振奋。自然景观的色彩主要来源于花草树木、阳光和烟岚云霞等。

鲜花的色彩在自然景观中最引人注目，是突破绿色框架、带来缤纷色彩的典型代表，云南的茶花、峨眉的杜鹃花等都是以色彩美丽闻名于世。一些赏叶型植被，叶子色调随气候变化而呈现不同的景观面貌。色彩的美对人的视觉产生直接刺激，最易于被人直观感受，或惊叹于大自然的瑰丽色彩变化，或是见景生情，引动情思。因而，色彩美对人富有极大的吸引力。

3. 动态美

自然景观中的动态美主要来自液体和气体的运动，构成动态美的主要因素有流水和池鱼等。中国古典审美观点认为山（静止的代表）的形体能给观赏者以稳定的视觉效果，代表了仁者；而水（动力的代表）的形体则给观赏者以流动的视觉效果，代表了智者：即古人所说的“仁者乐山，智者乐水”，动静结合，富有活力。

4. 造型美

大自然在空间形态上千姿百态，似人、似物，中国人一般习惯从造型的角度去欣赏自然景观的美，尤其是山岳型的景观。山峰形态各异，造型逼真，惟妙惟肖。

5. 听觉美

在诸多自然景观中，瀑落深潭、岩壁回响、幽林鸟语等大自然的音响，构成天籁之音，与都市的车喧、人吵等噪音形成鲜明的对照。在特定的环境中，他们能给人音乐般的听觉享受。自然景区中的听觉美有着丰富的内容，概括起来具有代表性的主要有鸟语、风声、钟声、水声等。

6. 嗅觉美

欣赏自然景观，是一种全身心投入的审美活动。期间，所有感官都在运作，视觉之于景观形象、听觉之于鸟语松风、味觉之于品尝泉水、嗅觉之于花香草馨等，可以说是一种立体性的审美体验过程。

(二) 室内植物景观的美学功能

从美学角度来讲，植物有良好的景观视觉美，如上所述的形象美、造型美、色彩美和听觉美、嗅觉美，既美化环境又提高了品位。将植物因素引入室内，不仅是为了生态意义上的功能，更重要的是要改变因“过分”装饰而与可持续发展背道而驰的现象，强调在遵循生态规律和美的法则前提下创造的人工生态美所具有的持久愉悦性，是将其作为提高环境质量，满足人们心理需求所不可缺少的因素。植物具有充满活力的形象，能使人感到生命的韵律；植物拥有的超生物的审美价值，可以使人们寄托自己的感情和意志。

二、室内植物景观的生态功能

(一) 室内植物景观对室内环境的调节、净化作用

将观赏植物引入室内不仅仅是为了装饰，更是作为改善环境质量、满足人们生理需求的不可缺少的因素之一。人们无不希望获得物质与精神两方面的享受。室内多层次的植物景观一方面补充了室内地面绿色植物的不足；另一方面，室内植物景观又与建筑自然通风、自然调节温湿度的处理方法相结合，大大改善了室内的空气质量。通过现代技术把观赏植物引入室内空间

环境，使之构成室内的绿色景观，是目前改善室内环境质量的卓有成效的生物方法。

1. 观赏植物能够有效地调节室内温、湿度

温度是形成室内微环境的重要条件。植物生命活动过程中的蒸发、冷却可以调节室内温度。白天从空气中吸热，夜间放热，从而缩小昼夜温差，对气温起到有效的调节作用。植物还能有效地吸附热辐射，遮挡直射阳光。它可以通过叶片的吸收和反射作用降低燥热。有资料表明，当室内绿化覆盖率大于37%时，对室内环境温度具有明显的调节作用。

植物是室内的增湿器。人类生存的适宜空气相对湿度为40%～70%。在北方冬季，没有栽培植物且相对封闭的室内，其空气相对湿度仅为18%～34%。植物通过蒸腾作用及栽培基质的水分蒸发，能够向空气中释放出水气，从而加大室内的湿度，成为室内的加湿器。在南方的梅雨季节，由于植物具有吸湿性，其室内湿度又比一般室内低一些。

2. 观赏植物具有吸收二氧化碳及有毒物质、降低噪音和滞尘等生物净化功能。植物有“天然制氧机”的美称，通过光合作用吸收二氧化碳，制造氧气，从而改善空气质量，形成健康的室内环境。

植物能够吸收周围环境中的化学物质，并将其降解，这已被许多实验所证明。美国国家航空航天局科学家比尔·沃尔弗顿博士证明了普通的室内观赏植物能够减少注入到密封的空间中的甲醛、苯、氯仿等微量有机化学物质的浓度。有些植物具有很强的排污能力。例如，芦荟、香蕉、蜘蛛草等对隔热泡沫和甲醛有排污作用；芦荟、吊兰，可以消除甲醛污染；常春藤可以除去办公室中从香烟、人造纤维和塑料中释放的苯；铁树、菊花、常青藤等花草可以减少苯的污染；月季、蔷薇等花草，可较多地吸收硫化氢、苯、苯酚、氟化氢、乙醚等有害气体；虎尾草、龟背竹等叶片硕大的观叶花草植物，能吸收80%以上的多种有害气体。

另外，植物还可以有效消耗噪音的能量，阻隔并吸收部分室内噪音。由于植物叶面是多方向性的，对从一个方向传来的声音具有发散作用。植物的叶片也可以有效附着空气中的悬浮颗粒，从而达到滞尘的作用。如室内大面积使用植物可以吸附空气中的10%～20%的粉尘污染。

3. 观赏植物释放其他有益健康的成分

植物可以释放植物杀菌素、负氧离子等有益健康的成分，吸入它可使人体增强抵御潜伏细菌的能力，清除致病隐患，获得大气中的维生素以及有益健康的气体元素。实验证明，地榆根的分泌物可在1分钟内将伤寒、痢疾等病菌杀死；松树的分泌物可杀死结核、白喉等病菌；柏、樟、杉、槐、柳等许多树木的分泌物都有较强的杀菌作用。

绿色植物还能增加空气中的负离子，绿色植物在进行光合作用的同时，除释放氧气外还能在进行生物化学反应的同时使能量发生转换，使周围分子或原子产生微量的自由电子，然后被氧分子获取形成负氧离子。这也是森林和大面积绿地具有高负氧离子的原因所在。负氧离子能消除在室内装修使用的石膏板、大理石、涂料、等建材放射出来的有害气体：苯、甲苯、甲醛、酮、氡等；也能消除日常生活中剩菜剩饭酸臭味、吸烟所产生的尼古丁等对人身有害的气体。负氧离子在清洁空气的同时，能调节人体血清素的浓度，对弱视、关节疼、恶心呕吐、烦躁郁闷及心肺病等均有良好的辅助治疗作用，能提高人体抗病的免疫力。

综上所述，在室内引入植物景观，是符合生态原则的改善室内环境质量的有效方法，是创造生态环境的有效手段。

（二）室内植物景观对人体的生理调节作用

生理学研究表明，光在510 ~ 555 mm波段时对人视神经的刺激是最小的，这个波段光呈现出黄绿色。植物的绿色能吸收阳光中对眼睛有害的紫外线，还由于色调柔和而舒适，经常置身于树丛花簇之中，又有益于眸明眼亮和消除疲劳。日本东京农业大学的测试也发现，长时间使用电脑者若能经常注视绿色植物，可以达到消除视力疲劳的作用。

植物能增加空气中的负离子，而负离子可调节大脑皮质的功能，振奋精神，消除疲劳，提高工作效率。它还能镇静催眠，降低血压；改善肺的呼吸功能，具有镇咳平喘的功效；能使脑、肝、肾的氧化过程加强，提高基础代谢率，促进上皮细胞增生，增加机体自身修复能力；提高免疫系统功能，增强抵抗力；刺激骨髓造血功能，对贫血有一定的疗效；并有抑菌杀菌作用，被称之为“空气维生素”。总之，空气中富含负离子对人体大有裨益。

同时，植物的色彩是以绿色为主，绿色是一种柔和、舒适的色彩，给人以镇静、安宁、凉爽的感觉。植物的青绿色对人体各器官均有良好的医疗保健功效，可使嗅觉、听觉以及思维活动的灵敏性得到改善。据测试，绿色在人的视野中达到20%时，人的精神感觉最为舒适，对人体健康有利。

第三节　室内植物造景设计在不同空间中的应用

与绿色植物作伴，已成为现代人对生活的高层次追求的目标之一。几乎每个家庭都喜欢在居室内摆放上各种各样的观赏植物，即便是一间斗室。绿色植物充满勃勃生机，给人以清新、舒适的感觉，或新奇大雅，或纤巧烂漫，在少而精＼小而巧上下功夫。别出心裁，寻求合乎内心的闲情异趣。

一、室内植物景观与建筑之间几种可能的空间关系

做室内植物景观设计离不开建筑内部这个基底空间，分析建筑空间与景观空间之间的关系，有助于室内景观设计的初步构思。

在独立式的关系中，景观空间作为建筑的附属空间出现，和建筑的关系相对比较独立。作为一个专门的景观空间，人可以在里面较长时间逗留，视觉对象是以景观空间中的景观为主的，几乎与相邻的建筑无关。在这种类型的景观空间设计中，主要是要解决好景观作为一个整体与室外环境的联系以及景观内部相互间的关系。

在通过式的关系中，景观空间和交通空间结合在一起，并向建筑空间开放，建筑内部可以直接观看到景观。人在景观空间中通常是动态的，而在建筑空间内是静态的。人主要是从建筑空间向景观空间看，而不是从景观空间向建筑空间看。在这种类型的景观空间设计中，主要是解决好景观作为一个整体与周围建筑环境之间的联系，以及景观内部与交通流线之间的关系。

在互含式的关系中，景观空间与建筑空间相互包容渗透，人在两个空间中都可以逗留，因此在建筑空间中需要直接看到景观空间，反之亦然。在这种类型的景观空间设计中，主要是解决好景观作为一个整体与周围建筑环境的联系，以及景观内部相互之间的关系。

二、室内植物景观和建筑空间之间的比例关系

室内植物景观和建筑空间之间的比例关系是设计师应该注意的问题。同时，人作为另一种尺度标准，也参与到室内植物景观设计尺度的评判中。在高度方向上，现代室内自然景观多以植物为主要景观元素。植物景观由于植物本身生理条件的限制，在植株高度上有其自然规律，因此需要人为挑选和控制。

(一) 在3米层高的范围 (2.4~3.3米) 内

也就是通常办公、居住类建筑一层高。这类空间一般靠窗单侧采光，需要补充人工照明，室内亮度低，空间高度有限，不适合固定种植。在这样的空间尺度中，高度在1.2~1.8米的盆栽比较适合单独欣赏。也可以用花槽来分隔室内空间，花槽中宜种植植株高度在0.4米以下的耐阴观叶植物。如果组织室内小型景观，以枯山水类型的景观，或高度抽象化甚至符号化的植物景观比较适宜。

(二) 在6米层高的范围 (4.8~6.5米) 内

通常有大厅、餐厅等建筑类型。此类空间的形式比较丰富，照明条件视具体情况而定。如顶部完全依靠人工照明，则室内照度就难以满足室内植物生长需要，需要部分补光。在此类型的室内空间中，仍以盆栽为主要自然观赏对象，盆栽植株高度在1.5~3.0米之间，植物枝叶比较舒展一些效果更好。

(三) 在9米层高的范围 (7.8~10.0米) 内

通常包含有交通建筑如候车室、商业建筑共享空间、高层建筑如空中景观平台、酒店大堂、四季厅等建筑类型。在此类空间中，一般围护结构至少有一个面 (包括顶面) 是通透的，因此光照度比较好，可以考虑植物的固定种植。在这种类型的空间中，大型植物植株高度可以达到4.5~6.0米，可以考虑2~3个层次的植株高度搭配。

(四) 在15米层高的范围内

围护结构的面 (包括顶面) 其通透程度更高，光照度更好，空间范围也更大，适合较大型的室内植物景观。在这种类型的空间中，大型植物植株高度

可以达到9.0 ~ 11.0米，可以考虑乔、灌、草搭配。

（五）层高15米以上

通常是带采光天棚的中庭空间或独立的大空间建筑。在此类建筑空间的植物景观设计中，一定要有高大植物作为空间视觉的焦点。植物配置的层次可以比较丰富，地面甚至可以有高差划分，显出景观的层次。

三、室内植物景观设计在相应建筑空间类型中的应用

就设计而言，植物景观所在的空间类型很大程度上决定了其布景方式。植物景观的尺度大小要和其所在的空间相吻合，它的设计形式也要和周围建筑环境相辅相成。

（一）线性的建筑空间

通常，线性的空间是和交通空间结合在一起的。因此，植物景观组织通常需要和交通的组织匹配。在一些狭窄的天井状的空间中，有时可以用垂直方向上的攀援植物景观来减弱对观者对狭长空间的注意力，不仅能使空间绿意盎然，还能遮蔽一些来自对面窗户中的视线，增加空间的私密性；在一些过道性质的线性空间，可以用有节奏地摆放植物来增加空间的韵律感和趣味性。

（二）面状的建筑空间

对于大跨度的建筑空间，由于这样的空间面积和高度之间比例大，因此，整个空间给人一种平面的感觉。在这种空间中，可以通过几何形式感很强的高大植物来进一步界定空间区域。而且，植物的树冠在高度方向上又将空间分成多个高度层次，从而改善了观者的空间感受，并增添了人们在空旷空间中的尺度感。在低层的大空间建筑中，还可以布置植物景观来增加地面高差，丰富空间变化。通过植物景观组织交通，达到使交通流线富于变化的目的。在植物配植上，可通过乔灌草多种层次的植物相结合，创造出理想的室内景观空间层次。

（三）竖向的建筑空间

对于竖向的建筑空间，通常的做法是在每一层阳台或窗台上种植藤本

植物，这是常见的竖向空间绿化方式。但固定种植的效果并不是很好，因为植物叶片上的积灰很难打扫，有时会给人一种不清爽的感觉。因此，在室内做垂直绿化时最好采用盆栽的形式，以便于对植物叶片进行清洁。在竖向空间的底层，可以选用茎杆挺直光洁、分枝点较高、树冠形态优美的植物，将人的视线向上吸引。另外，伞状的树冠还可以在高度方向上再形成一个空间层次。

参考文献

[1] 陈志岗．探究花境在园林植物造景中的应用 [J]. 江西建材，2017（17）：187–192.

[2] 邱巧玲，程晓山，赵晓铭．基于岭南地域特色的植物造景教学研究——以华南农业大学园林专业植物造景课程教学为例 [J]. 绿色科技，2017（13）：246–248.

[3] 邱巧玲，古德泉，李剑．光影在自然式园林植物造景中的运用 [J]. 中国园林，2017（04）：92–96.

[4] 王菲，李婷婷．花卉植物造景在高校校园景观中的应用探究 [J]. 现代园艺，2017（04）：54–56.

[5] 张岩安．大运河森林公园的植物造景研究分析 [J]. 城市住宅，2016（12）：66–71.

[6] 邱明，严国泰．浅析园林设计中的植物配置与植物造景 [J]. 黑龙江科学，2016（24）：86–87.

[7] 魏绪英，蔡建华，蔡军火．《植物造景设计》课程五步体验式教学实习方式改革实践 [J]. 高教论坛，2016（12）：35–39.

[8] 王蕾．浅析园林植物造景的发展趋势 [J]. 农业与技术，2016（22）：182–183.

[9] 葛慧莲．园林设计中的植物配置与植物造景分析 [J]. 现代园艺，2016（22）：70–71.

[10] 王鹏飞，邱奕嘉，黄玉上．园林城市植物造景设计的科学性与艺术性 [J]. 中国名城，2016（11）：35–38.

[11] 谢海娥．园林景观设计中植物造景的探究 [J]. 绿色科技，2016（15）：137–138.

[12] 罗慧男．园林设计中植物配置和植物造景的作用分析 [J]. 科技经济导刊，2016（23）：72–73.

[13] 邓斌．园林景观绿化中的植物造景技术应用探讨 [J]. 现代园艺，2016(14)：52-53.

[14] 杨荣．园林绿化设计中植物造景的作用及艺术手法 [J]. 南方农业，2016(15)：109-110.

[15] 陈丽文．信阳城市住宅小区植物造景研究 [J]. 黑龙江农业科学，2016(05)：101-104.

[16] 葛欢欢，王国明．植物造景在现代城市景观设计中的应用研究 [J]. 美术教育研究，2016(08)：48-49.

[17] 沈旭红．园林设计中的植物配置与植物造景 [J]. 低碳世界，2016(11)：230-231.

[18] 林瑞．论园林植物造景的互动性 [J]. 中华文化论坛，2016(02)：74-78.

[19] 朱昌来．植物造景在园林景观规划设计中的重要作用 [J]. 山西农经，2016(02)：52-53.

[20] 朱锦心，冯志坚，翁殊斐．广州市公园附生植物造景分析 [J]. 湖南林业科技，2016(01)：80-85.

[21] 张飞梅．浅析惠州市金山湖公园一期植物造景 [J]. 广东园林，2016(01)：33-36.

[22] 杨定学．论园林绿化植物造景及其植物配置 [J]. 低碳世界，2016(05)：224-225.

[23] 李焱．植物造景技术在园林景观绿化中的应用探究 [J]. 科技展望，2016(03)：86.

[24] 尹领琨，高欣梅，杜丽，孔德政．纪念性公园植物造景分析——以郑州市碧沙岗公园为例 [J]. 林业调查规划，2015(06)：54-57.

[25] 胡芷嫣，宋肖霏，张建华．中国书法美学在植物造景中的应用探析 [J]. 上海农业学报，2015(06)：120-125.

[26] 凌碧流．岩生植物造景浅析——以上海辰山植物园岩石园为例 [J]. 华东森林经理，2015(04)：61-66.

[27] 袁晓梅．中国传统园林植物造景的声音美意匠 [J]. 中国园林，2015(05)：58-63.

[28] 刘巧新 . 园林设计中的植物配置与植物造景 [J]. 现代园艺，2015（04）：61.

[29] 胡义涛 . 浅析生态园林中的植物造景 [J]. 新疆农垦科技，2015(01)：18–21.

[30] 魏绪英，徐莉华，蔡军火 . 基于真实项目体验的《植物造景设计》教学模式研究 [J]. 天津农业科学，2015(01)：114–117.